集人文社科之思 刊专业学术之声

集 刊 名：家政学研究
主　　编：河北师范大学家政学院　河北省家政学会

HOME ECONOMICS RESEARCH No.4

第4辑

集刊序列号：PIJ-2022-471
中国集刊网：www.jikan.com.cn/家政学研究
集刊投约稿平台：www.iedol.cn

第4辑

河北师范大学家政学院
河 北 省 家 政 学 会 / 主 编

《家政学研究》编辑委员会

集刊 家政学研究

（第4辑）
2024年11月出版

·热点聚焦·

·国际视野·

·家政服务业·

·家政教育·

·会议综述·

CONTENTS

Hot Spot Focus

International Vision

Home Services Industry

Home Economics Education

Meeting Summary

• 热点聚焦 •

“物业+社区”养老服务模式构建的价值意蕴、现实困境及优化路径*

朱瑞玉

（河北师范大学家政学院，石家庄 050024）

摘　要：物业企业参与社区养老服务，是化解我国当前社区居家养老服务有效供给不足问题的一种实践探索。本文通过分析“物业+社区”养老服务模式的内涵，客观阐释了“物业+社区”养老服务的构建价值，并从制度、运营模式、服务品质以及专业人才方面，分析了该模式在构建中面临的政策制度不完善，协同效力不足；运营模式不够成熟，面临可持续发展危机；服务品质有待提升；养老服务缺乏专业人员的现实困境。在此基础上，预设了“物业+社区”养老服务模式的提升路径，以期推动我国养老服务事业的高质量发展。

关键词：“物业+社区”；养老服务；模式构建

作者简介：朱瑞玉（1993. 08—），山西运城人，博士，河北师范大学家政学院讲师，主要研究领域：老年学，营养与健康。

引　言

根据国家统计局数据，截至2023年底，我国60岁及以上老年人口达到2.9亿人，占总人口的21.1%，其中65岁及以上的老年人口为2.17亿人，占总人口的15.4%，预计到2035年，60岁及以上老年人口数量将突

* 本文为2021年度河北省社会科学界联合会项目“人口老龄化背景下河北省家庭养老社会支持政策研究”（项目编号：20210301133）成果。

破4亿人，占总人口的比重超过30%，中国将进入重度老龄化阶段①。随着老年人口规模和比重持续上升，人口老龄化程度不断加深，传统家庭养老已无法满足老年人日益丰富的养老需求。但多年形成的养老观，使老年人无法轻易离开家庭，因此养老不离家的社区养老服务模式成为我国目前主要发展的养老方式之一。然而，单纯以社区作为单一主体的养老模式，难以实现可持续发展，需要多元福利主体共同介入。因此，2020年住房和城乡建设部等六部门发布《关于推动物业服务企业发展居家社区养老服务的意见》指出，推动和支持物业服务企业积极探索“物业服务+养老服务”模式，切实增加居家社区养老服务有效供给，更好满足广大老年人日益多样化、多层次的养老服务需求；2021年11月24日发布的《中共中央　国务院关于加强新时代老龄工作的意见》明确提出，充分发挥社区党组织作用，探索“社区+物业+养老服务”模式，增加居家社区养老服务有效供给。

物业企业作为基层服务组织掌握着社区资源，其参与养老服务不仅符合政策导向，同时可以促进企业发展。这些特点让物业企业在参与社区养老体系方面有着先天优势，是一种非常适合提供居家养老服务的供给主体。物业服务企业介入社区居家养老有利于缓解该模式中存在的问题，物业企业有着丰富的服务和管理经验，以及不同于社区组织的经营性质，将在某种程度上为我国养老服务领域的发展提供较大的推动力。本文从“物业+社区”养老服务模式的理论内涵入手，客观分析其构建价值，探究其发展所面临的现实困境，提出发展“物业+社区”养老服务模式的优化路径。

一　“物业+社区”养老服务模式的内涵

《“十四五”国家老龄事业发展和养老服务体系规划》指出，要建设普

① 李聪、丁昱圳、刘学宁：《养老保险对老年人养老选择的影响——基于CLASS数据的证据》，《人口与发展》2024年第3期。

惠式养老服务网络，支持社区养老服务机构建设和运营家庭养老床位，将服务延伸至家庭，同时支持物业企业发挥贴近住户的优势，与社区养老服务机构合作提供居家养老服务。在此背景下，物业企业逐渐进入养老服务行业，前期研究多以物业企业介入社区养老服务为主，本文提出的“物业+社区”养老服务模式即“物业服务+社区养老服务”模式由社区与物业企业两个主体组成，同时在该模式中存在政府、居民及家庭、社会组织和志愿者等多个福利主体，打破传统的单一主体的养老服务模式，探索构建福利多元主体的养老服务模式。

社区养老服务是指由社区作为具体服务的实施主体，涵盖了一系列的养老服务和资源①，社区养老服务按照服务事项可以划分为基础服务以及针对专门需求的专门照护。现阶段政府大力推广和重点发展的是公益普惠性的养老服务，旨在为社会全体老年人提供良好的养老环境，同时通过获利性的养老服务，促进其可持续发展。

物业企业作为时代的新兴产物，一般指专门从事社区服务以及一系列环境管理，为业主或者使用者提供专业化服务活动的企业。② 物业企业一般具有以下三个特征：第一，物业企业通过提供多种服务，维护小区居民的居住环境，具备服务性质；第二，物业企业为独立核算、自负盈亏的具备独立法人地位的经济组织；第三，物业企业需维护公共区域的秩序及设施，合理经营公共资源，具备一定的公共管理性质。

“物业+社区”养老服务模式就是将上述的社区养老服务与物业企业进行有机结合，发挥物业企业的管理服务以及地域优势，为社区老年群体提供便利的养老服务，并且通过物业企业与社会更多服务商接入，满足老年人多样化的服务需求，提升物业企业的管理水平，发挥优势主体地位，依照政策方向促进社区老年群体生活质量的改善。在该模式中，物业企业应服从社区指导，充分利用自身资源，促进社区养老产业、事业协同发展。社区对于市场的干预能力有限，因此在该模式中，应起到“委托—承接”

① 王艳霞：《健全多层次社会养老服务保障体系研究》，《佳木斯职业学院学报》2024 年第 6 期。

② 王玉静：《物业公司成本管理与控制的策略分析》，《财经界》2024 年第 6 期。

作用，一方面要对物业企业的资质、服务质量、收费标准进行严格把控，另一方面要对养老服务人员进行定期培训，与物业企业、社区老人形成稳定的三角形结构。

二 "物业+社区"养老服务模式构建的价值意蕴

受到传统养老观的影响，目前我国大多数的老年人仍愿意选择家庭养老[①]，但由于代际关系以及家庭模式的变迁，传统的家庭养老已无法满足老年人的养老需求[②]。社区居家养老由于其成本较低、养老不离家等特点，不仅满足老年人的家庭养老诉求，同时又能弥补传统家庭养老的缺点，更容易被老年人接受。[③] 2019年，中共中央、国务院印发的《国家积极应对人口老龄化中长期规划》（以下简称《规划》）指出"应健全以居家为基础、社区为依托、机构充分发展、医养有机结合的多层次养老服务体系，多渠道、多领域扩大适老产品和服务供给，提升产品和服务质量"。但我国的社区居家养老服务模式仍处于初期发展阶段，存在专业人才培养、供给不足[④]，养老服务资源分配不均[⑤]，服务体系不完善[⑥]等问题；物业企业作为基层社区服务的重要力量，可以成为"养老不离家"社区养老服务体系中的重要力量，因此物业企业作为福利主体加入社区养老服务体系，是构建新型社区养老服务模式的重要探索，反映了时代之趋势、民众之诉求。

（一）加快建立多元主体的养老服务方式

根据福利多元主义可知，社会福利并不仅仅是政府一个部门的责任与义

---

① 何景波、姚依松、江菱等：《中国老年人居家养老意愿及相关因素分析：一项全国横断面研究》，《军事护理》2024年第4期。

② 田云霞：《社区"嵌入式"养老服务模式的对策与建议》，《经济师》2021年第9期。

③ 鲁捷、赵智祎：《物业服务企业参与社区居家养老的优势与意义》，《现代经济信息》2018年第10期。

④ 刘海宁：《物业参与社区服务居家养老的必要性分析及建议》，《理论界》2024年第1期。

⑤ 薛原、陈程：《江苏省社区居家养老现状、问题与发展建议》，《市场周刊》2022年第11期。

⑥ 钱净婷、申慧敏、何然等：《社区居家养老服务发展现状及对策研究——以南京市为例》，《科技创业月刊》2022年第S1期。

务，需要由社会公共部门、营利组织、非营利组织、家庭和社区等社会上各种部门共同负责，合力完成。因此任何一个主体作为单独的福利供给者都会存在自身局限性，而不同主体的联合可以取长补短、相互补充。在提供福利的过程中，政府应该作为主导者，合理引领其他部门的合作。同时在具体实施的过程中，充分发挥多元主体的参与作用，以提高服务质量和效率。①

老年人口数量庞大，是我国人口老龄化进程中的重要特点之一，面对数量庞大的老年人口，单纯依靠政府实现养老，显然并不现实；根据"新公共管理理论"，政府担任的是掌舵者，而非既掌舵又承担着划桨的义务。这样的"重塑"以及"再造"让更多的社会主体参与公共服务的供给，而政府则负责引进合理竞争机制，集中做好制度制定和行业监督，提高公共服务供给的质量效率，更好地实现公共利益。② 早在《中国老龄化事业发展"十二五"规划》中就已强调应将社区作为未来养老发展重点，鼓励老人在家养老，同时鼓励更多的社会主体参与该种养老模式的开展和运营，引导开发适合老年群体居住的社区。《"十四五"国家老龄事业发展和养老服务体系规划》再次将"多方参与，共建共享"定为基本原则，因此建立多元主体的养老服务方式，实现全社会共同参与的养老服务大格局，探索出一条中国特色的养老服务体系，是我国人口老龄化时代的必然要求。

物业企业参与社区养老服务，为所在社区老年群体提供养老服务属于福利多元主义理论在实践中的一种举措。"物业+社区"养老服务模式，不仅涉及社区组织、物业企业，也涉及政府、家庭、社会力量等多方主体。政府通过财政、制度、政策优惠支持和监督社区养老服务的实施，倡导社区居民居家养老。物业企业通过提升自身服务水平，加强专业化培训、整合现有的社区内外资源，满足现今老年群体的个性化养老需求，各司其职，充分利用资源。③

---

① Rose，R.，"Commongoals butdifferentroles：thestatecontribution to thewelfare mix，" *The Welfare State East and West*，Oxford：OxfordUniversity Press，1986.

② 陈典菊：《新公共管理理论及其借鉴意义》，《现代经济信息》2019 年第 4 期。

③ 郭健美、李云伟、寇宁：《福利多元主义视角下"社区+物业+养老服务"模式 SWOT 分析》，《中国集体经济》2023 年第 35 期。

（二）促进养老产业事业协同发展

习近平总书记在党的二十大报告中明确提出，要积极实施应对人口老龄化国家战略，发展养老事业和养老产业，优化孤寡老人服务，推动实现全体老年人享有基本养老服务。随着我国人口老龄化不断深化，老年人口数量不断增加，养老服务的需求也在不断增加，目前的社区养老服务体系属于普惠性养老服务体系，其目的是为老年人提供兜底性的服务，但面对日益丰富的养老需求以及数量庞大的老年人群体，单靠社区无法提供有效供给。

物业企业相较于其他养老机构而言，具备参与社区养老的地理位置优势及群众信任基础，可以充分利用社区内现有资源，物业企业和社区内业主之间更加容易沟通和建立信任关系。作为社区管理者，物业企业拥有社区内所有业主的个人信息，物业企业在供给养老服务过程中能充分利用现有的业主信息资源，根据业主的不同情况提供个性化服务，也可以根据业主的个人信息，在突发情况下第一时间联系家属。因此，物业企业具备开展养老服务的优势和可行性，能为老年人提供便捷舒适的服务。同时物业企业的介入，在一定程度上激发社区养老服务的活力，为社区养老服务引入市场抓手，在推进老年人享有基本养老服务的同时，促进非基本养老服务的协同发展。同样基于新公共管理理论的视角及物业企业的优势，让物业企业参与到社区养老服务中，建立双方协同合作的关系，政府为物业企业进入社区养老行业制定合理门槛，在其运行方面加强服务监管；物业企业在参与到养老公共事业中后，完善自身建设，利用政府的各种优惠制度加强自身建设，丰富养老服务产品的供给，从而有效缓解老龄化社会带来的养老压力，促进我国养老产业事业协同发展。

（三）满足人民群众对美好生活的需求

20世纪80年代以来，人们的生育观不断发生改变，同时随着经济发展及社会进步，人口寿命的延长使我国从底部老龄化发展为顶部老龄化，并呈现并行态势。几千年来，中国社会形成的传统观念使得家庭承担着养老的职能，但随着社会结构及家庭结构的变迁，家庭养老的功能正在逐步弱化，与之形成矛盾的是老年人多样化的养老需求。如何从单纯的“老有所养”过渡到有质量的晚年生活，我们必须充分认识到“人民日益增长的美好生活需要”的内涵。家庭养老有其不可替代的功能，在实现老年人“不离家”愿望的同时，为满足其多样化、多层次的养老需求，社区养老成为居民主要的养老方式。但仅依靠社区作为单一主体的供给方式，无法满足老年人多样化、多层次的养老需求，在此背景下，建立以政府为主导、社区支持、多方合作的养老服务模式是各界学者以及各级政府达成共识的能够解决我国养老问题的有效方式。

物业企业作为基层服务企业，居民对其具有基本的信任基础，有充分的基础参与养老服务的供给并提高养老服务的供给水平，同样，社区的支持和监督在一定程度可以缓解居民对物业企业非专业性的质疑。将具有独立法人地位的经济组织引入社区养老服务模式中，打破社区养老的非营利性质，也为后续高端养老服务体系的引入打下基础，从而满足不同老年人、不同家庭的养老服务需求，提高老年人及其家庭的幸福生活指数，同时“物业+社区”养老服务模式可以最大限度地利用基层治理资源，以较低的成本完善居家社区养老服务体系，在满足基本养老需求的同时，提供多样化、分层次的养老服务。

（四）国外成功经验的本土化应用

发达国家由于人口老龄化出现较早，社区养老相对健全，研究显示大部分老年人愿意选择就地养老，同时物业管理公司在社区养老中显示出独特优势。Heidi 等调查了纽约州北部半农村地区的 400 多名社区居住老年人对预期养老的选择，研究结果显示，这些老年人最有可能选择的养老方式是就地养老；虽然近年来出现了许多新型的养老服务中心，但物业管理公司在提供居家养老服务方面具有先天优势。[①] Hanlon 等调查了加拿大等国家的资源依

---

① Heidi H. Ewen, Sarah J. Hahn, Mary Ann Erickson, John A. Krout, “Aging in Place or Relocation? Plans of Community-Dwelling Older Adults,” *Journal of Housing For the Elderly*, 2014, 28 (3).

赖型社区，发现通过物业管理公司将居家养老融入社区中，可以有效提升老年人的生活福祉。①

发达国家养老服务业发展时间长，市场化程度较高，竞争更加激烈，已有大量的社会力量和各类企业参与其中，让政府有了更多的选择。同时，政府也积极鼓励更多的养老服务主体参与养老服务业，尤其是公益组织和志愿者队伍的参与可以与政府的养老服务形成互补，极大地减轻政府的负担。当有大量的社会养老服务主体参与到养老服务业中时，政府便能从服务提供者转变为监督者，从监管者的角度对养老服务行业进行规范和引导，提升养老服务业的服务质量，实现企业与享受养老服务的老年人之间的互惠共赢。

三 “物业+社区”养老服务模式的现实困境

近年来，我国在积极应对人口老龄化国家战略的背景下发布了一系列鼓励和支持社区养老服务主体的多元化发展政策文件，“物业+社区”养老服务模式正是加快完善社区居家养老服务体系，有效增加社区居家养老服务供给，不断增强老年人获得感幸福感的重要探索手段。

物业企业在养老领域的探索不断深入，并取得了一些成果，如银盛泰物业积极整合各方资源，创建“党员+管家+志愿者”的“1+1+1”网格化管理模式②；2014年，万联城市服务科技集团股份有限公司就在稳定的物业板块、社区运营事业群及战略创新事业群和线上平台管理系统的基础上涉足“物业服务+生活服务”新模式③；河北旅投世纪物业发展集团有限公司坚持以党建为引领，把党建引领下的基层治理体系延伸到小区楼宇，彰显党建的红色领航、红色管理、红色服务作

① Neil Hanlon, Mark W. Skinner, Alun E. Joseph, Laura Ryser, Greg Halseth, “Place Integration through Efforts to Support Healthy Aging in Resource Frontier Communities: The Role of Voluntary Sector Leadership,” *Health and Place*, 2014, 29.

② 《银盛泰物业：“物业+养老”向深向实》，《城市开发》2023年第12期。

③ 《万联城服集团：躬耕入局“物业+养老”》，《城市开发》2023年第8期。

用，成立专门开展“物业服务+养老服务”服务板块的管理处，依据地域、年龄、性别等将社区老年人依照不同服务需求排序，对接社区等主体力量提供服务①。可见为解决居民家门口养老的难题，不少物业企业改变发展思路，推出更多的“物业服务+养老服务”场景。国家陆续出台的相关政策，促进我国物业企业积极参与社区养老服务的实践，探索社区养老服务新模式，改善养老服务供需不平衡的困境。但不可否认的是，“物业+社区”养老服务模式在发展过程中仍面临诸多难题。

（一）政策制度不完善，协同效力不足

2019 年，国务院办公厅印发《关于推进养老服务发展的意见》，首次将“物业+养老”模式纳入国家规划议程，物业企业介入养老服务业也成为国家意志。在此之后，政策虽密集性下发，但物业企业介入社区养老服务业仍属于朝阳产业，缺乏国家层面统一的制度规范。在“物业+社区”养老服务模式中，存在福利服务的多元主体，包括政府、社区、物业、居民及家庭、社会组织和志愿者等，多方主体均有自己的利益诉求，但由于该模式发展时间较短，缺乏有效的政策组织协调，权责划分不明确，服务过程中可能出现政府与市场、公平与效率、公益性与营利性的矛盾。因此，此模式看似是物业企业与社区承担职责，实则政府职能部门是不可缺少的主要力量，需要依靠政策整合该模式运行过程中的多方主体，促进物业企业、社区之间的协同互动。

在“物业+社区”养老服务模式中，社区虽为社会治理的主要载体，但在社区治理中存在的“物强社弱”问题，导致社区无法实现福利多元主体间的协同治理，而物业作为经济组织，本身负担较重，无暇分身，各个主体间的行为和利益也难以协调。因此，在发展该模式时，需要构建与新型养老服务模式相对应的权力配置与协同机制，通过政策指导消

---

① 刘敬宗、高骞、田佳：《旅投世纪物业：倾心助老，用情养老》，《城市开发》2023 年第 8 期。

除或减轻各个主体间的隔阂，推动“物业+社区”养老服务模式的协同发展。

（二）运营模式不够成熟，面临可持续发展危机

“物业+社区”养老服务模式涉及物业企业和社区两个主体。一方面，物业服务企业属于经营性质的经济组织，但社区养老服务目前在我国属于普惠性的养老服务，利润空间较小，这与物业企业的经营目标存在冲突；同时物业企业在介入社区养老服务的过程中，往往存在自身发展战略不明确、对该模式认知不清晰、自身定位不正确等问题，因此在开展养老服务时，部分物业企业难以找到科学、合理、可行的运营模式。

另一方面，老年人的养老需求多样，家庭情况复杂，因此社区养老服务涉及的项目和内容较为烦琐，同时，我国人口老龄化具有典型的“未富先老”特点，老年人支付能力较弱，部分老年人及其家庭还没有形成为养老服务付费的观念，对于物业企业提供的需要收费的项目认可度和接受度不高，这往往会导致企业资金链断裂，难以实现可持续发展。同时，大部分物业企业目前无法提供专业水平较高的养老服务，居民选择高端养老服务时并不信任物业企业，因此“物业+社区”养老服务目前基本停留在助洁、助餐等基础服务阶段，而这些基础服务往往利润较低，无法支持该模式可持续化运营与发展。

（三）服务品质有待提升

“物业+社区”养老服务模式依托物业企业原有的服务资源和社区资源介入养老服务供给，成本虽低，但存在服务品质不高的问题。第一，在基础设施方面，目前“物业+社区”养老服务模式主要依托居民小区内的公共场所和基础设施，这样虽然降低了服务成本，提高了便利性，但原有的基础设施无法满足养老服务需求。一方面，大多老旧小区设施更新滞后，无法增设智慧养老设备和进行适老化改造，只能满足基本医疗服务；另一方面，物业规划考虑不周，大多数小区规划时忽略养老服务功能，预留给

养老的用地和住房无法满足养老服务需求。①

第二，养老服务项目单一，质量难以提升。目前物业介入社区养老难以在全国范围内铺开的重要原因之一是养老项目单一，缺乏专业性和针对性。据调查，物业介入社区养老服务，能够开展的基本都是基于物业企业现有业务的服务项目，提供日常生活服务，如保洁、助急、代办、助餐等低门槛业务，向专业性较强的养老服务涉足并纵深发展比较困难。

第三，数智化改造面临较大困难。随着数字技术的进步，智能化技术推动着整个经济社会发生深刻变革，如"老年大数据"在老年人出行、助餐、就医等方面的使用凸显了数字技术发展与数字中国建设在老龄社会治理方面的重要作用。数智化技术应用也不断融入老年人的生活，尤其在社区养老中，数智化服务可以让子女不在身边的老人得到及时回应，在社区居家养老服务中必不可少，但由于大多数小区设施更新滞后，数智化设备投放成本过高，无法增设相对应的智慧养老设备和进行适老化改造。

（四）养老服务缺乏专业人员

"物业+社区"养老服务模式在一定程度上解决了养老服务过程中的信任危机，但该模式的服务专业性问题日益凸显。第一，由于物业行业整体待遇不高，难以吸引高素质人才，物业企业自身也并未配备专业养老服务人才，若需增加人力资源成本，在一定程度上会影响物业企业开展养老服务的决心。

第二，我国养老服务人才队伍普遍存在低学历、低社会地位、高流动性、高职业风险等特征，在岗的养老服务人员老化现象严重。且由于文化水平较低，培训过程流水线化，大部分养老服务人员只能负责日常看护和照料，无法满足老年人及其家庭多层次、个性化的养老服务需求，因此本就难以搭建专业化的养老服务队伍。同时，由于职业社会认同感低，晋升

---

① 郭健美、李云伟、寇宁：《福利多元主义视角下"社区+物业+养老服务"模式SWOT分析》，《中国集体经济》2023年第35期。

机制不完善，缺乏良好的职业发展空间等问题，养老护理行业人才流失率较高，养老服务行业整体缺乏专业人才。

第三，社区养老服务目前属于普惠性养老服务，而养老服务行业本身就存在投资周期长、见效慢等问题，无法要求社区或物业企业培养专业的养老服务人员。调查显示，大部分物业服务企业表示，培养专业养老服务人员成本过高，与社区养老服务收入不成正比，因此不愿投入资金来培养专业的养老服务人员。[①]

综上所述，养老服务行业本身存在人才数量少、专业队伍不健全的问题，因此在“物业+社区”养老服务模式中依靠物业企业培养养老服务专业人员并不现实。同时，随着老年居民独居化、高龄化、少子化的出现，医养结合成为社区养老服务的关键环节，还需要更多的专业化服务。

四 “物业+社区”养老服务模式构建的优化策略

人口老龄化时代的到来，给我国养老事业带来巨大的挑战。同时，由于我国老龄化具有老年人口数量大、老龄化发展速度快等特点，建立健全中国特色的养老服务模式是重要的民生问题之一，是以人民为中心的重要体现。“物业+社区”养老服务模式是在社区养老服务模式之上的创新，是健全“五位一体”的多元化社区养老服务供给体系的重要探索，在理论上具备推行的价值及可行性，具有一定的现实意义。但其在发展初期，存在政策不健全、运营机制不成熟、服务品质有待提升、缺乏专业人才等问题，围绕这些挑战，“物业+社区”养老服务模式可从以下几个方面进行提升。

（一）完善顶层设计，发挥政策引导作用

政府的政策支持是推广“物业+社区”养老服务模式发展的第一要义

① 房亮、华怡：《常州市物业服务企业开展社区居家养老服务的现状与对策研究》，《房地产界》2024年第10期。

与重要推手。在近几年的探索发展中，支持促进该模式发展的多项政策相继出台，对于促进"物业+社区"养老服务模式的发展初具成效。政府的支持引导是促进市场主体快速发展，提高养老服务质量的重要举措。在实践过程中还可以从部门协同机制、购买服务与补贴机制以及监督管理机制等多方面继续深入。

第一，在部门协同机制上，物业企业与提供养老服务的传统主体并不一致，因此在不同主体合作与深入发展过程中存在诸多困难。政府应该牵头厘清这一发展模式所属的管辖范围、领导部门，建立起相关的管理班子，引导其规范化发展。在政策衔接上，可以通过增加"物业+社区"养老服务模式的试点来积累经验，加强住建部、民政部与卫健委等部门的协同联系，打破养老服务提供的部门化碎片化，在人口老龄化和养老服务体系涉及多个社会系统的情况下，构建一体化的政策体系。[①]

第二，在购买服务与补贴机制上，首先要明确享受政府购买服务的人群与条件，宣传明晰使用政府购买服务的流程与方法，对接优质的企业提供相应的服务，以此逐渐消除民众对于使用养老服务的顾虑，提高养老服务质量，扩大宣传效果。其次是在对物业企业进行补贴的过程中，为降低相关物业企业的生存压力，实现可持续性发展，政府可以在住房、水电等政策上给予物业企业一定的优惠补贴政策，助力市场主体的融入。

第三，在监督管理机制上，要尊重物业企业营利性这一特征，寻求物业服务营利性与养老服务普惠性的平衡。多部门联合加强监督管理，同时积极推进标准化规范化的评价体系，定期抽检，减少运营和服务风险，确保该模式能够真正满足老年人的需求，让老年人放心、舒心、暖心。

（二）创新运营模式，优化资源有效整合

目前"物业+社区"养老服务模式基本停留在物业企业与社区共同为

① 陈杰、张宇、石曼卿：《当前居家社区养老服务体系存在的短板与创新——兼论"社区+物业+养老服务"模式推广问题》，《行政管理改革》2022年第6期。

本社区居民提供基本养老服务的阶段，收益较低，面对多样化的养老服务需求表现得力不从心，难以实现可持续发展。社区可积极利用物业企业的经营性质，主动搭建起物业企业与其他养老服务企业的沟通合作桥梁，充分协调二者意愿，在调动社区公共资源的过程中，社区要主动给予物业企业一定的条件与空间，为“物业+社区”养老服务模式的发展提供场地便利与管理便利，提高社区治理能力与服务水平。充分整合利用物业企业、社区、社区医院、社会组织等多方主体的资源优势，打造老有所养、老有所乐、老有所为的居住环境，切实关注老年人的生活需求与精神需求，提高老年生活的幸福感与满意度。

物业企业在该模式中，需明确自身定位，结合自身资源，将物业传统服务项目与养老服务进行有机结合，创新运营模式。如保利和悦会作为社区居家养老服务品牌，创新性地开展“物业服务+养老服务”服务模式，打造“三位一体”服务特色，深度联动保利物业的社区资源，以社区嵌入式小微机构为载体，借助智慧养老平台，提供多项特色服务。[①] 但“物业+社区”养老服务模式目前还处在探索阶段，没有可供完全复制借鉴的样板案例，各地在创新服务模式的过程中最重要的是实现资源的有效整合，充分发挥物业的社区组织管理能力，融合推进养老服务创新发展。

（三）提升服务品质，促进供需精准对接

提升“物业+社区”养老服务模式品质的关键点在于精准对接老年人及其家庭的养老需求，优化丰富服务内容。随着生活方式的改变与社会整体收入水平、消费水平的提高，居民对于养老服务的需求也不是停留在“老有所养”的阶段，而是寻求“高质量养老”途径，实现“老有所为、老有所乐”。社区应联合物业企业、医疗机构等，盘活闲置资产，加强统一管理，处理好资源分配问题，加强对物业企业的引导，保证服务质量。同时完善“物业+社区”养老服务模式的支付保障机制，以多元化的养老

① 郭兰兰：《“物业+养老”服务模式研究》，《上海城市管理》2023年第32期。

服务种类激发老年人对养老服务的需求。

物业企业可以深入调查社区居民的养老服务需求，精准对接服务供需双方，实现多层次服务内容全覆盖。例如，物业企业可以通过人才引进或与第三方合作等方式来实现社区内的适老化改造和无障碍环境建设，不断完善社区内的适老化配套设施建设，打造多功能的适老化公共空间。除此之外还可推进智能化场景建设，利用数字赋能，将社区内不同的居民服务需求以量化的“服务清单”展开，针对普适性的需求开展线上“点单式”自助服务，针对个性化的特殊需求可以开展一对一的照护服务，最终形成多功能融合的“社区共同生活圈”。①

（四）组建专业人才队伍，融合社会组织力量

2023年12月，民政部等部门印发《关于加强养老服务人才队伍建设意见》指出，要加强专业教育培养，大力发展养老服务职业教育，加强普通高校本科及以上层次养老服务人才培养。稳定的人才服务团队是促进养老服务行业可持续发展的有力保障。面对养老服务行业人才少、用工难的局面，一方面，物业企业首先可以通过提高薪资报酬与福利待遇来吸引人才，可在企业内部搭建合理的晋升通路，提升养老服务人员的职业认同感，提高其工作的主动性和积极性；针对现有人员在社区养老护理方面专业知识不足、技能不够等问题，物业企业可以与养老护理类、卫生健康类、社会工作类等院校、企业合作，组织开展不同层级的知识技能培训，提升养老服务人员的技能水平和专业能力；同时物业企业和社区可与具备相关专业的大中专院校进行合作，搭建实习基地，这样不仅可以补充“物业+社区”养老模式中的服务人员，同时也为大中专院校的学生提供实践场地，提升其实操能力。

另一方面，需要发挥多方主体的优势，以“五社联动”为理念，利用社区这一基础平台，与社会组织、社会工作者、社区志愿者与社会慈善资源进行有效衔接，实现联合行动。第一，需要重视社会工作者的重

① 周丹：《“物业+养老”模式发展困境与优化》，《合作经济与科技》2023年第8期。

要力量，在社区公共空间内配备专业的社会工作室，发挥社会工作者的专业优势，定期开展宣讲与志愿活动，设立养老服务典范。第二，鼓励社区居民与志愿者参与，依托信息技术与数字资源整合等手段建立老年群体与社会服务机构之间的对话机制[①]，切实提高老年群体的主动性与参与性。除此之外可以发动社区志愿者参与宣讲与志愿活动，采用时间银行等互助形式鼓励社区居民或低龄老人参与活动，践行积极老龄化理念。第三，动员社会组织，社区可联系当地的社区医院或社会慈善组织等，根据社区居民需要与生活安排，规划引导不同的社会组织参与社区养老助老服务，可以通过开展义诊、开设社区食堂、进行老年慰问表演等形式来丰富社区活动，满足社区老人需要。[②]

结　语

中国正在逐步进入深度人口老龄化阶段，如何解决数量庞大的老年人口养老问题，是我国老龄化社会中面临的主要挑战。将传统家庭养老模式与现代社区养老服务相结合，以适应社会变迁需求，是我国推动建立中国式养老模式的重要探索。物业企业作为基层服务企业，是社区养老服务体系落地的重要一环，是将物业服务与社区养老服务相结合的体系，可以为居民提供更安全、更舒适的便民化生活环境，是城市建设的重要组成部分。“物业+社区”养老服务模式目前正在探索阶段，本文以现状及问题为切入点，探索物业介入视角下社区养老服务的发展路径，以期为后续研究提供理论依据。

（编辑：王永颜）

① 陈爽：《社区治理视角下的“物业服务+居家养老”模式研究》，《广西城镇建设》2022年第11期。

② 郭健美、李云伟、寇宁：《福利多元主义视角下“社区+物业+养老服务”模式SWOT分析》，《中国集体经济》2023年第35期。

The Value Implication, Realistic Dilemma and Optimization Path of "property+community" elderly care service model construction

ZHU Ruiyu

(School of Home Economics, Hebei Normal University, Shijiazhuang, Hebei 050024)

Abstract: The participation of real estate enterprises in community nursing service is a practical exploration to resolve the problem of insufficient effective supply of community nursing service in our country. This paper analyzes the theoretical connotation of the "property + community" elderly care service model, objectively explains the practical basis of "property+community" elderly care service, and analyzes the imperfect policies and systems and insufficient synergies faced by this model in the construction of the system, operation mode, service quality and professional personnel. The operation model is not mature enough, facing the crisis of sustainable development; Service quality needs to be improved; The realistic dilemma of lack of professional staff in elderly care service. On this basis, we presuppose the improvement path of "property + community" pension service model to promote the high-quality development of pension service in our country.

Keywords: "Property+ Community"; Elderly Care Service; Model Construction

“城乡融合”养老模式构建的可行性、问题及实践路径研究

宋彩娟　伍晨阳

（广州华立科技职业学院，广东省广州市 51132）

摘　要：我国正处于全面建设社会主义现代化的新征程，全面推进乡村振兴战略进入新阶段，同时伴随的还有严重的人口老龄化问题。“城乡融合”养老模式可以统筹城乡不同的人文环境、资源配置、公共服务、市场关系、内部管理等资源要素，既可以充分完善养老服务内容，又能给社会带来更多增量效益。当前，推进该养老模式，在思维理念、资源配置、服务保障等方面还面临着一系列困难，需要从全局出发统筹引领，善于借助科技手段增强服务质效，同时也要通过创新管理不断激发内部活力，从而探索出一条与中国式现代化相适应的养老服务发展道路。

关键词：养老模式；城乡融合；乡村振兴

作者简介：宋彩娟，广州华立科技职业学院现代家政服务与管理专业教师，主要研究方向为家政服务与管理研究；伍晨阳，广州华立科技职业学院商务英语专业讲师，主要研究方向为产教融合。

随着人口老龄化加快，我国城市化进程不断升级，老龄人口数量迅猛增长。根据国家卫健委预测，2035 年我国 60 岁及以上老年人将突破 4 亿人，进入重度老龄化阶段，到 2050 年前后我国老年人口规模和比重将达到峰值。2024 年 8 月 9 日，民政部养老服务司负责人李永新在国新办新闻发布会上指出，截至 2023 年底，我国 60 岁及以上老年人达到 2.97 亿人，占总人口比重达到 21.1%。其中乡村老年人口大约占全国老年人口总数的六成，解决乡村养老问题也是当前十分重要的社会关注点。

党的二十届三中全会《中共中央关于进一步全面深化改革 推进中国

式现代化的决定》明确指出，城乡融合发展是中国式现代化的必然要求。面对我国人口老龄化持续加速和中国式现代化进程不断推进，养老服务产业的模式也必将迎来更新迭代。推进"城乡融合"养老模式，不仅有助于养老服务产业转型升级，也符合新时代国家经济社会发展实际。

一　"城乡融合"养老模式的基本内涵

城市和乡村的情况不同，在城市一般实施居家养老与社区养老相结合的模式，而在乡村则以家庭养老为主。[①] 从当前养老服务现状来看，城市老年人向往乡村自然风光和绿色生态，又对机构养老的服务质量和设施条件信任度比较高。这对发展"城乡融合"养老模式产生了一定的现实需求。近年来国家大力实施乡村振兴战略，特别是注重对乡村"田林湖草沙"等自然资源和当地传统文化等人文资源的开发利用，这也为"城乡融合"养老模式提供了更为开阔的思路。另外，随着乡村振兴战略的持续推进，农村地区水、电、路、气、网等基础设施建设进一步完善，为发展"城乡融合"养老模式提供了良好的物质基础。

"城乡融合"养老模式就是指在城市近郊或者县域等区位设置集中的养老区域，将城市和乡村差异较大的资源统筹结合起来加以利用，在保持各自优势的基础上充分发挥城乡要素融合发展的特点，从而达到资源互补、文化互通、生活互助、发展互惠的良性运行局面。这种模式的构成要素由城市和乡村两部分组成，既可将城市的金融体系、商业配套、文化培训、人力资源、志愿服务等基本构成要素吸纳进来，又可充分利用乡村的自然资源、农业传统、居住空间、民俗文化等基本构成要素。在每个基本构成要素下面，又可以结合当地具体实际情况发展运用所属细分产业。比如，在乡村自然资源基本构成要素下，可着眼生态康养、土地资源运用、天然健康食材等具体产业发展不同养老业态（详见图 1）。

---

① 穆光宗：《我国农村家庭养老问题的理论分析》，《社会科学》1999 年第 12 期。

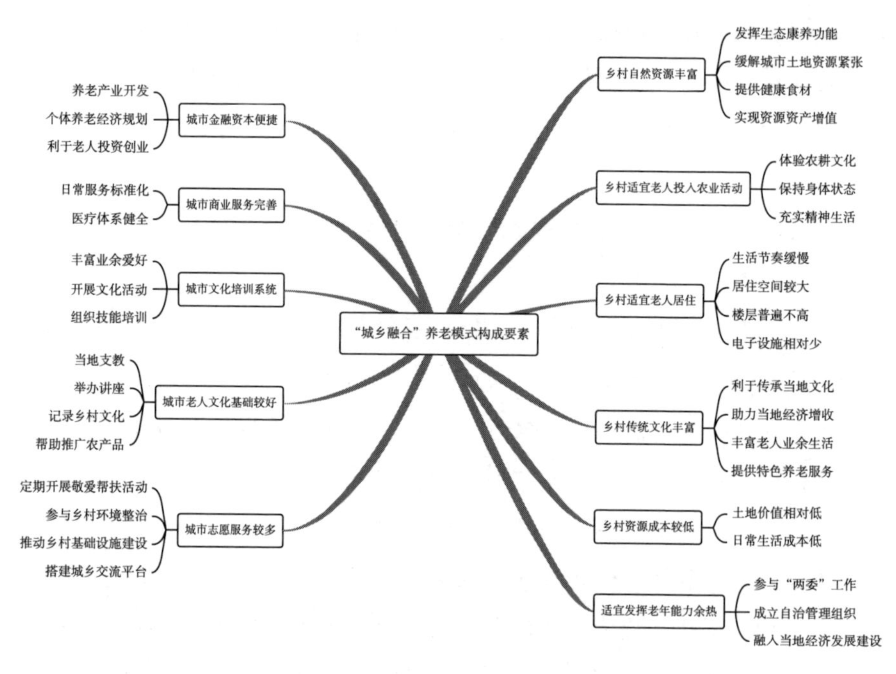

图1 "城乡融合"养老模式构成要素

从图1可以看出，"城乡融合"养老模式是一种可以同时解决城市和乡村养老问题的新探索，它兼顾了乡村和城市各自不同的特点，形成了既互补又具有独特创新点的养老格局。一方面，城市在金融、商业、文化、医疗、非政府组织等方面都具有明显优势，乡村则在迥然不同的生态环境、农业活动、生活状态等方面更为适合老年人，如果两者能有机融合，将有效发挥取长补短的作用。该模式将城乡之间的差异性要素进行综合配置，既便于发挥城市金融、商业、文化等功能特点，同时也可以良好兼顾乡村生态环境、农业活动等适宜老人生产生活的基础条件，有效互补了城乡各自在养老服务产业方面的欠缺。另一方面，传统养老模式受限于发展理念、所处地域、政策环境等，往往发展模式较为单一，要么选择在城市而放弃生态康养等乡村资源，要么选择在乡村而放弃了城市较为成熟的医疗、文化资源，发展短板明显。采取"城乡融合"养老模式，可以很好地化解这一矛盾，产生诸如老年人创业孵化基地、老年文创平台等许多新业态，不仅有利于激发养老产业动力活力，一定程度上解决城乡两个不同环境下老年人的养老困境，同时对当地经济、文化等方面的发展也会产生一定促进作用。这种养老模式更加强调从城乡老人不同的身心实际需求出发，实现人性化设计，打破了传统封闭的养老模式，对其进行探索研究，具有社会必要性和现实可行性。

二 “城乡融合”养老模式构建的可行性

我国的主流养老模式通常有四种，即家庭养老、机构养老、社区养老和混合模式养老。家庭养老有亲人陪伴和照料，能使老年人在心灵上得到慰藉和安全感，同时也满足了老年人在熟悉的环境中享受晚年之乐的需求。[①] 然而，对于需要特殊关怀的老年人，亲人需要花费更多时间和精力，尤其对当前独生子女家庭来说是具有挑战的。同时，一般家庭缺乏专业的照料器具和医疗器械，增加了照料的难度，甚至错误的照料方式可能会加剧老年人身体的病状，照顾老人给家庭带来的经济和精神的负担，实际上超过了给老人带来的好处，造成家庭养老更大的经济开销和代际矛盾。机构养老与家庭养老相反，它能提供老年人相对专业的医疗和照护技术，但往往忽略了对老年人精神世界的安慰，机构养老模式运营情况和服务质量千差万别，一些养老机构由于经营成本逐步攀升，护理费用上涨，却很少关注老年人的心理健康，老年人被迫进入依赖状态，长此以往，老年人不仅很难获得真正的健康，也难以充分发挥个人自主性，正因如此，大多数机构养老使老年人体验着脱离社会的错位。[②] 社区养老在一定程度上满足了老年人亲缘、地缘的需求，能使老年人在一种积极、活泼的精神状态中安度晚年。但是，就目前实际情况而言，社区养老存在法律法规不健全、资金缺乏、服务机构设施不完善等问题。西北地

① 汪志洪主编《家政学通论》，中国劳动社会保障出版社，2015。

② 〔美〕戴维·波普诺：《社会学》（第十一版），李强等译，中国人民大学出版社，2007。

区一些社区养老机构只是空壳摆设而并未为老人提供切实可行的服务，也造成一定程度上的资源浪费。混合养老模式的方式灵活，便捷高效，但缺点是服务质量参差不齐、机构商业性和政府公益性矛盾突出、空间和设施受限。[①]

综上分析，不同养老模式在当地具体的社会、经济、文化背景下，各自都显现出一定的优势与不足。[②] 而随着我国城乡融合实践的进一步发展，以往家庭养老、机构养老和社区养老都不能完全兼顾城乡不同的资源特点，难以充分满足老年人对当前养老服务的需求，探索如何更好适应中国式现代化进程中社会发展趋势的养老模式，显得尤为重要。

分析“城乡融合”养老模式的可行性，可以从资源配置、公共服务、人文关怀、市场关系、内部管理五个维度出发，通过将城市和乡村各自的构成要素有机融合，保证在不同维度下，各要素均能有序发挥作用，从而形成资源互补、生活互助、文化互通、发展互惠的循环发展格局。

从图2可以看出，这种养老模式能够运用总体发展战略解决现实矛盾，在汲取传统养老模式优势的基础上，充分考虑养老服务各要素之间的平衡互补。具体来讲，选择在生态良好的环境中，为乡村老人和城市老人建立一个共同养老和相互交往的平台，这对于乡村老年人来说，摆脱了留守在乡村的疏离感，通过城市老年人了解和融入城市的文化及便利生活；对于城市老年人来说，可以体会到传统养老模式所不能给予的更富生态化的生活方式，给平淡的生活增添了趣味；从社会的角度来讲，这种养老模式为养老提供了更多更合理的方式，能够充分利用乡村环境，一定程度上解决城乡共同养老的问题，对社会的和谐稳定和健康发展有重要意义。[③]

---

① 张俊良、曾祥旭：《市场化与协同化目标约束下的养老模式创新——以市场人口学为分析视角》，《人口学刊》2010年第3期。

② 彭花、贺正楚、苏昌贵、吴艳：《特定群体和聚式养老：一种新型养老模式》，《长沙理工大学学报》（社会科学版）2018年第3期。

③ 朱正、刘少帅：《城乡结合新型养老模式的可行性探析——以成都市为例》，《四川建筑》2017年第4期。

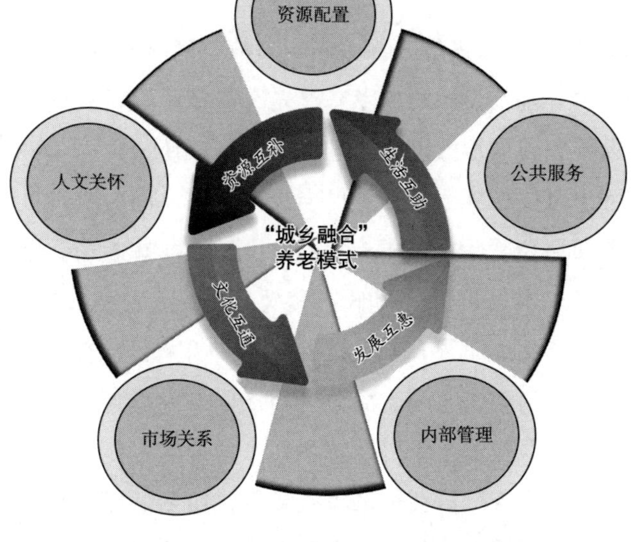

图 2 "城乡融合"养老模式各领域资源统筹关系

（一）人文关怀上，"城乡融合"养老模式有助于老年人精神交流

乡村老年人行为较为单一拘谨，心理相对偏向传统和封闭，但也有人际交流和自我实现的心理需要；城市中的老年人内心渴望和不同年龄层次的人交流，渴望在恬静的生活环境中修养身心。[①] 城乡融合养老模式恰好可以利用城乡自然环境和人文需求之间的差异，让不同养老人群各取所需，让资源各尽所长。一方面，乡村的自然环境能够为老人提供更好的空间环境，通过对城市和乡村老年人不同的生活需求进行分析，对生活空间进行针对性设计，合理满足老人既有独立隐私空间又有丰富公共社交空间的愿望。另一方面，利用城乡老人在技能、阅历等方面的差异，通过开展各类文化生产活动，搭建互帮互学、交流提升的良好平台，从而增加老人自我实现的成就感和荣誉感。

---

① 朱正、刘少帅：《城乡结合新型养老模式的可行性探析——以成都市为例》，《四川建筑》2017 年第 4 期。

（二）资源配置上，“城乡融合” 养老模式有助于各要素协调互补

随着2017年乡村振兴战略的实施，当前我国所有乡村基本得到了水、电、气、路、网等基础设施的保障。首先，选择在乡村自然生态好、交通便利、基础设施完善的地方设置养老场所，可以使城市老年人获得优质的生活环境，甚至可以做到当天去乡村当天回城市，同时也可以满足他们和子女经常团聚的愿望。[①] 对乡村老人来说，既可以就近享受较为专业的养老服务，其养老成本也将大大降低。其次，依托乡村资源建设养老产业，既可以让养老服务更加完善，又可以妥善保留当地原有自然、人文、生态资源，还可以促进当地农家乐、商业等经济业态发展。再次，此种养老模式可以将城市部分医疗资源吸引并转移到乡村地区，促进乡村医疗水平的提高，缓解城市老年人就医拥挤现象。最后，还可以探索在养老产业周围部署优质教育资源，不仅能解决城市教育资源拥挤的问题，也迎合了很多家庭“老人接送小孩上下学”的惯常做法。

（三）公共服务上，“城乡融合” 养老模式有助于政策发挥效能

一是公共政策支持范围更大。养老产业与房地产行业有着密不可分的关系，当前城市（特别是二线以上城市）房地产资源严重短缺，面对的养老问题主要是公共空间的类型很少，政府在政策扶持上也常常受制于此。乡村地区则完全可以避免房地产资源矛盾，政府可以在政策制定上给予更大程度的照顾，社会资本也可以较容易地参与到养老产业中来。二是可以有效解决当地就业问题。在当前乡村振兴战略大背景下，解决农民在地化就业问题是一个重要目标。“城乡融合”养老模式加快了市民和村民之间身份融合的频次和速度，将很大程度上促进城市居民向乡村迁移并定居，这对于当地实体经济发展有着举足轻重的作用，可以带动大批当地农村劳动力就业。三是有利于传承发展当地传统文化。很多地方的非物质文化遗

---

① 丁辰达：《乡村振兴背景下辽宁省农村养老服务供需问题研究》，硕士学位论文，辽宁大学，2022。

产——例如剪纸、腰鼓、花儿等，都具有很高的艺术和文化价值，但普遍都集中在乡村地区。掌握这些传统文化技艺的老年人可以在“城乡融合”养老产业中更好发挥引领带动作用，当地养老机构也可以借此形成属于自己的特色宣传文化，营造具有个性文化特色的养老产业。这将有力推动非物质文化遗产传承和保护工作，助力繁荣当地文化产业，提升国家文化软实力和中华传统文化的影响力。

（四）市场关系上，“城乡融合” 养老模式有助于激发市场活力

当前，我国正大力构建全国统一大市场，其重点之一就是在激活县域经济方面下功夫。“城乡融合”养老模式不仅仅是养老服务内容，在其带动下，当地土地、金融、商品、教育、医疗等元素都将深度参与进来，使县域经济发生变革性发展。当地农民可以将生态资源、闲置的房屋、土地入股，使资源转变为资产[①]；同时很多农民有一定储蓄但养老保险待遇并不好，可以将其储蓄资金作价入股，享受分红收益，农民自己也可以在养老场所中担任农艺老师等，兼职赚取自己的生活保障费用，解决其没有养老资金的问题。另外，村民作为股东，对当地养老产业发展也有一定决策权，会在一定程度上保障其自身利益不受外来资本恶意侵占。

（五）内部管理上，“城乡融合” 养老模式有助于调动老年人自主性

“城乡融合”养老模式的本质是整合各方资源，而非简单地提供养老服务，因此更注重从内而外发挥老年人的自主建设功能。其中，养老产业本身就是依托村集体这个村民自治组织建立起来的，应当也能够发挥老年人的自建意识，使其参与到日常经营管理决策中来。这不仅能降低运营成本，更能够使入住其中的老年人获得归属感，满足老年人自我实现的需要。例如，中山市养老服务体系建设规划中提到，要重视和珍惜老年人的知识、技能和经验，鼓励他们从事传播文化科技知识、参与科技开发等社

---

① 王晨光：《集体化乡村旅游发展模式对乡村振兴战略的影响与启示》，《山东社会科学》2018 年第 5 期。

会活动。这不仅为老年人自身带来了成就感，也为社会带来了宝贵的知识和经验。Age Club 的研究表明，老年消费人群在各个细分领域爆发式增长，消费潜力快速释放，创新模式层出不穷。这为养老行业创新创业提供了广阔的市场机会和发展空间。发展银发经济不仅可以解决老年人的养老问题，还可以为年轻人提供更多创业、就业机会，同时为社会的养老问题提供保障。[①] 积极老龄化视角下的老年创业活动，对于缓解社保基金压力、完善养老制度、带动就业、创造经济和社会价值具有重要意义。通过这些措施，老年人不仅能够在社区中发挥更大的作用，还能够在更广泛的社会领域中实现自我价值，做出重要贡献。

三 “城乡融合”养老模式构建中存在的主要困难

随着社会经济的发展，我国养老模式由传统的家庭赡养为主逐渐延伸出商业化程度更高的机构养老和社区养老模式，特别是一些地区也逐渐开始在县域建设养老基地，为融合城乡资源开展养老服务提供了有益探索。但立足于构建“城乡融合”养老模式，当前养老服务产业尚不能完全满足老年人逐渐增长的精神和物质需求，还存在很多制约发展的桎梏。

（一）思维理念还不够“开放”

1. 政府开发养老资源的视角还相对单一。一方面，目前国家养老事业仍处于开局起步阶段，许多资源都重点向需求量更大的城市养老服务倾斜，城市地区在养老设施建设等方面具有先天优势，而农村地区则较为滞后。农村养老服务基础薄弱，导致城市和农村养老资源在衔接过程中不能很好匹配，对开发“城乡融合”养老模式造成了一定程度的制约。另一方面，很多地方政府对养老产业的指导侧重于提供服务保障，特别是物质生活需求方面，在一定程度上忽视了对养老资源的全方位开发利用，特别是还不能较好调动老年人主动性，将养老服务融入当地社会经济总体发展建

① 杨俊峰：《让银发经济成为朝阳产业》，《人民日报》（海外版）2024 年 2 月 27 日。

设，在鼓励引导企业、社会组织、个人等多元主体共同参与“城乡融合”养老方面做得还不够。

2. 养老机构“融合”的意识还需加强。笔者在调研家政行业过程中，发现很多城市家庭养老和商业机构养老案例中，即使有较好的日常照料和医疗护理，绝大多数老年人依然感到个人精神生活需求得不到满足。原因在于：一方面，单纯的城市社会环境带来的快节奏、商业化生活与老年人热爱田园生活、享受“无用”爱好的需求之间存在诸多矛盾；另一方面，即使想回到乡村养老，由于过去几十年的城市化发展，很多城市老年人社交基础早已脱离农村，加之农村医疗、文化基础等设施相对落后，很多老年人不得不留在城市养老。面对这些问题，很多养老机构缺乏资源“融合”的思想，过于强调养老机构本身的专业化、商业化，将目标单纯设定为提供高质量的养老照护服务，而对外部资源缺乏敏感，不能将养老产业与外部社会力量进行有效衔接，始终跟不上老年人日益增长的精神物质需求。

3. 个体养老观念有待进一步转变。随着我国经济社会发展，人民日益增长的美好生活需要和不平衡不充分的发展之间的矛盾成为社会主要矛盾。虽然老年人对于养老服务的需求也在同步增长，越来越多的老年人逐渐开始拥有独立自主、自我实现的意识追求，但居家养老仍然是我国主流的养老模式。很多老人面对养老新模式产生的不确定性缺乏接受能力，担心因转变生活方式承担经济方面的风险，不愿意尝试挑战自己、突破既有生活习惯，这在一定程度上也制约了“城乡融合”养老模式的发展。

（二）资源配置还不够“融合”

1. 养老服务区域差距较大。从目前的养老需求和供给看，城乡之间、地区之间存在两端差距越拉越大的趋势。城市和经济发达地区养老金待遇高、养老基础设施好、人口老龄化程度相对轻、群众养老观念相对开放。但在乡村和西部等经济欠发达地区状况却与之相反，与城市和经济发达地区相比，其养老服务设施、服务人才等公共资源明显落后，同时医疗、文化、体育等服务设施综合利用率较低，服务覆盖区域和人群有限，内容也较为单一，社会化专业水平不高。由于各地区情况各异，难以建立统一的“城乡融合”养老模式，这对整体化推进该模式发展也产生了一定阻碍。

2. 社会力量参与度不高。首先，资本参与度较低。“城乡融合”养老模式的发展对资金投入要求高，特别是开发建设乡村基础设施的代价相比在城市成熟地块要更高，而投资回报周期较长、风险相对高，社会资本在进入该领域时存在很多顾虑。其次，活动参与度较低。相比于城市成熟丰富的各类老年活动，在农村或者县域，老年活动中心、文化广场等设施基础薄弱，志愿者组织及其活动开展还比较少，开展老年活动的难度较大。最后，人才参与度低。“城乡融合”养老模式需要因地制宜创新开展工作，当地“乡贤”、社会志愿者、退休干部、退役军人等社会力量都是重要的建设力量，但目前对这部分群体进入“城乡融合”养老产业的支持和吸引力度还不够大，还未能充分调动起其参与的积极性。

3. 与当地资源链接不紧密。当前国内很多养老产业的发展，虽然呈现出一定“城乡融合”的特点，但普遍存在明显阻碍发展的短板弱项，还不能有效平衡社会福利和商业资本之间存在的天然矛盾，也不能有效整合当地资源，对既有自然和人力资源也造成了一定程度的浪费。部分“城乡融合”养老产业虽然能够在规模上做大，但其实是另起炉灶，相当于让很多老人被迫重新适应一种经济状态和生活方式，对老人内心真正的美好生活的呼声回应较少。原因在于，一方面，现有的“城乡融合”养老产业主要将目光集中在城市医疗资源和乡村自然资源方面，对当地资源种类的开发还不完全。如，县域人力资源成本相对较低却用工率不高，闲置房屋和设施未能充分利用，因此造成对人力资源、设施资源等一定程度上的浪费。另一方面，对当地特色资源的挖掘衔接还不充分，导致“城乡融合”养老业态单一、动力不足。比如，我国很多民间非物质文化遗产都散落于村落中，如果将养老产业与其融合发展，不仅能有效传承这些非物质文化遗产，也能丰富老年人的精神文化生活。

（三）服务保障还不够“精准”

1. 专业人才比较短缺。目前养老护理员、康复治疗师、营养师等专业

人才培养体系不够完善，专业教育和培训资源难以满足对产业人才的需求，导致从业人员数量不足、专业素质不高，难以适应“城乡融合”养老服务发展需求。特别是“城乡融合”养老模式对从业人员综合能力要求更高，不仅要具备医疗、照护等基本技能，对心理疏导、信息技术应用、团队合作乃至文艺才能等都有一定要求，并且需要在实践中不断积累经验。这些要求与当前养老行业吸引力弱、从业人员流动性大、人员职业经验欠缺的现状之间存在着较大的矛盾。

2. 服务手段相对单一。在传统养老服务模式下，人工养老服务依然是主要手段，日常养老护理多数采用人工询问、定期检查等方式，服务的及时性和准确性难以保证，存在管理效率较低、信息沟通不畅等问题，对智慧康养、远程诊断等适合老年人照护服务的先进手段运用不够。部分养老机构老年人休闲活动主要以聊天、看电视等简单形式为主，缺乏有组织、有规律的文体娱乐活动安排。城市和农村医疗服务机构之间缺乏有效的协作机制，老年人在就医过程中还存在着信息不对称、转诊渠道不畅通等问题。

3. 养老服务偏向物质需求。从调研情况来看，老年人，特别是乡村老年人的行为模式较为固定，多数以耕种、棋牌、照顾自家孩童等为主，心理状态偏向传统和封闭。① 同时对于主动规划个人养老生活的意识较为匮乏，习惯于按部就班度过养老阶段。因此针对老年人的养老现状，解决其养老问题不仅要改善乡村的养老硬件条件，还应该注重在思想上破除保守封闭的养老意识，构建开放健康的养老服务格局。但当前养老行业往往对老年人物质生活需求更为关注，而对其精神生活需求关注较少，对心理健康、情感沟通、思想疏导等隐性工作投入精力不够，导致老年人在面对心理问题或者情绪难题的时候得不到及时有效的帮助。

四　构建“城乡融合”养老模式的实践路径

把养老产业放在中国式现代化背景下考虑，充分整合现有资源，

① 朱正、刘少帅：《城乡结合新型养老模式的可行性探析——以成都市为例》，《四川建筑》2017 年第 4 期。

深入挖掘我国社会存在的特点优势，充分分析其实际的运行情况，才能走出真正适合我国国情的养老产业路子。因此，探索如何更好地适应中国式现代化进程中社会发展趋势的“城乡融合”养老模式，显得尤为重要。

（一）注重从全局出发统筹引领

1. 充分运用政策法规。首先，“城乡融合”养老产业涉及行政、土地、金融、劳务等方方面面的事务，很多问题都是在新领域、新环境下的初次尝试，因此如何充分运用已有政策法规，成为新型养老模式发展的关键。例如，新出台的《中华人民共和国农村集体经济组织法》，就对乡村集体经济组织的职能和运行管理方式做出了明确规定，而且对激活乡村土地承包权、宅基地使用权、集体收益分配权的红利起到了基础保障作用，这些都对促进“城乡融合”养老产业发展具有重大意义。[①] 其次，结合当地实际发展状况，充分运用法律法规，巩固“城乡融合”养老产业的经济基础、创造就业机会、提升服务设施，才能构建更加完善、公平、可持续的“城乡融合”养老发展体系。另外，运用好政策引导，充分释放政策红利，加强养老服务专业教育和培训，提升行业吸引力，能够使更多优秀人才投入养老服务中来，夯实产业发展的人才基础。

2. 始终注重党建引领。第一，“城乡融合”养老模式的根本是为人民养老服务，通过组织手段，能够更好地为产业发展制定明确的方针和策略，确保其发展符合国家政策和人民需求，始终保持正确的发展方向。第二，“城乡融合”养老模式的本质，就是充分融合差异巨大的各方面力量，使其在推动养老产业发展中发挥最大价值。但正因为“差异巨大”，矛盾冲突自然与之俱来。因此，应该充分发挥党领导下的中国特色社会主义制度的独特优势，统筹“东南西北中”“党政军民学”，确保资源的优化配置和高效利用。例如，浙江省宁波市的“党建+养老服务”

① 李浩：《关于农村集体经济组织功能定位的思考和建议》，《农村经营管理》2021年第5期。

模式，通过嵌入式合作，将国有企业与当地政府、社会组织紧密结合，形成了有效的帮扶机制，将党组织的影响力深入城乡社会资源分配的各个方面。第三，组织制度建设与管理，对提升养老产业服务质量和水平起着关键作用。例如，通过制定如《党建引领养老机构服务能力提升三年行动计划》等具体管理制度，将党建工作纳入日常管理和考核体系，规范“三会一课”制度，不仅能满足老党员的组织生活需求，也提升了养老机构的服务能力。南京市的“红色养老”项目就是一个很好的例子，该项目通过强化党组织在养老服务中的作用，提高了服务的质量和效率。第四，借助乡村振兴的优势，可以打造城乡养老红色文化圈。通过成立多元化的党建活动阵地，开展“红色讲堂”“红色之旅”等特色党建活动，不仅丰富了老年人的精神文化生活，也增强了他们的家庭归属感和社会参与感。例如，四川省攀枝花市的“红色文化养老”项目，通过将党建活动与养老服务相结合，为老年人提供了一个充满红色文化氛围的养老环境。

3. 深度融合当地资源。在当前城乡一体化发展格局下，“城乡融合”养老模式的发展也应乘势而上，不断在城乡养老资源的互补上下功夫。一方面，要盘活闲置资源。将村域内闲置房屋改造成公共娱乐空间，或依托特色村落的生态优势改造废弃旧房屋，以租赁方式吸引外来人口的入驻。比如，有的地方特色古建筑资源较多，如果将其与“城乡融合”养老产业结合开发，精心打造成养老文化品牌，不仅能帮助保护和修缮传统建筑，而且能推进养老产业特色化发展，还会激活当地经济活力。福建省屏南县四坪村、龙潭村，通过修复被遗弃的古屋，吸引了全国各地老年人来这里旅居养老。另一方面，要开发新质资源。结合当地独有文化、生态资源，形成特色项目，产生辐射带动作用。例如，四川青城山养老基地借助其优美的自然环境和道教养生文化，开展形式多样的配套文化活动，为老年人提供了理想的养老场所。

（二）善于借科技手段赋能加持

1. 发挥智能监护效用。随着物联网、智能穿戴设备等技术的广泛普及，智能监护在实时监测老人生理指标、保证日常生活安全、提供生活便利等方面发挥了很好作用。这些功能有利于在郊区或远离城市医疗场所的位置开设养老场所，提高养老服务照护效率，同时也方便子女随时了解老人的状况，让老人感受到关爱和照顾，减轻心理负担。借助信息化手段的数据精确特点，还有助于统一城乡养老服务的标准和规范，通过分析评估智能监护设备收集的数据，为制定更加科学合理的养老政策提供依据。

2. 健全远程诊疗手段。借助远程诊疗手段，可以均衡城乡医疗资源，缩小城乡医疗水平的差距，让乡村老人也能享受到高质量的医疗服务。减少老人前往城市医院就诊的路途奔波，减轻老人就医负担，提高医疗效率。同时，城乡医疗机构之间可以通过远程诊疗系统共享患者的病历和检查报告等信息，避免重复检查，促进医疗信息高效共享；也能提高医疗的连续性，让老人不论在城市还是在乡村生活，享受的医疗服务都不会中断。江苏省苏州市推出的“智慧养老服务平台”，通过整合医疗、康复、养老和护理资源，为老年人提供一站式的健康管理和养老服务。[①] 这一平台不仅提高了养老服务的效率和质量，也为政策的落实提供了有力支持。

3. 丰富“智慧助老”活动。聚焦老年人日常出行、就医、消费、办事、文娱等高频事项和服务场景，帮助老年人消除智能手机使用障碍。[②] 依托村委会、村域青年和机构专职教师等，定期为老年人开展智能设备与电商课程，开展智能技术应用培训活动，解决老年人运用智能技术运营经济的梗阻。例如，屏南县政府请来直播团队和大学教授为村里老年人开展直播教学，教村内老人画画、做咖啡，老村民根据自己的个人优势进行直播带货和短视频制作，通过线上售卖农产品和自己的绘画作品，既宣传了村子的良好生态环境，又吸引了一些城市老年群体的入住。

---

① 阳义南：《社会保障支持衔接机构型医养结合服务及其“梗阻”破除》，《华中科技大学学报》（社会科学版）2021年第5期。

② 《国务院办公厅印发关于切实解决老年人运用智能技术困难实施方案的通知》，《中华人民共和国国务院公报》2020年。

（三）着力靠创新管理激发活力

1. 巩固深化志愿活动。当前，在党和国家的关心下，越来越多的志愿者加入养老产业，为养老产业带来了生机与活力。如，为老年人提供体检、健康资讯等的健康关怀，定期帮助老人打扫卫生、采购生活用品，与老年人聊天、给予感情纾解等陪伴交流，举办文艺演出、电影放映等文娱活动，等等。在“城乡融合”养老模式中，要着力构建完善的组织架构，成立专门的志愿活动管理团队，保证活动有序进行。注意建立长期服务机制，避免活动的临时性和阶段性，形成长期、稳定的服务模式。制定清晰、具体、可衡量的活动目标和详细的活动计划，包括活动内容、时间安排、服务对象等，保证志愿活动有成效。

2. 创新完善管理模式。探索“时间银行”管理模式，鼓励健康的低龄老人为高龄、失能、失智等需要帮助的老人提供服务，如邻里关照、家政服务、外出代办事务等，未来当志愿者自己需要帮助时，可以从“时间银行”中提取相应的服务时间，实现爱心与服务的互换。[①] 引入专业评估机构，与具备专业养老知识技能人才合作，由其定期评估养老服务质量，并进行随机回访和抽查，科学提升养老服务专业化水平。例如，上海市通过实施“养老服务质量提升计划”，引入专业评估机构，对养老服务机构进行定期评估和监督，确保服务质量。不断扩大对外交流的途径，与当地学校、文化组织和公益组织建立合作交流机制，相互分享建设经验，开展共建合作项目，深化老年人与社会组织的交流，避免与社会脱节。

3. 激活群众自治热情。健全老年人自治活动组织，建立管理组织，帮助维护养老机构日常行政工作运行；依托入住老年人的兴趣爱好，组成兴趣小组，并提供设施设备；建立生活技能小组，可以帮助机构解决农艺、花艺、茶艺、水电暖维修等方面的即时性保障问题；建立安全小组，对日

---

① 夏辛萍、杨绍俊：《城市社区互助养老服务模式研究——以柳州市“时间银行”养老志愿服务试点为例》，《江苏经贸职业技术学院学报》2024 年第 4 期。

常安全工作进行自主监督、自主抓建。最大限度地提供施展才艺的平台，结合当地特色和节日特点，举办丰富多彩的文化和体育赛事，定期举办老年大学培训讲座、书画展览、读书活动等，为老年人提供喜闻乐见的娱乐活动，丰富业余文化生活。实践中，激活群众自治热情显得尤为重要。例如，鹤峰县民政局提出了同步组建老年协会，倡导“老人自管”的模式，以此健全养老服务的组织保障。这种模式不仅增强了老年人的自我管理能力，也提升了他们对养老服务的满意度和参与度。太仓市人民政府则积极调动老年人参与社区治理和服务的热情，鼓励他们积极参与社区协商议事和民主决策等活动。这不仅能让老年人在社区中发挥更大的作用，也促进了社区的和谐与进步。在积极老龄化的理念下，老年人应被视为社区发展的重要资源。① 通过积极发动老年人参与自治管理活动，不仅能够充实老年人的日常生活，还能帮助老年人在服务他人的过程中完成自我实现，保持乐观情绪和健康身体状态。

“城乡融合”养老模式具有良好的发展前景，它将田园、健康、养生、养老、休闲、文化、旅游等多元化功能融为一体②，形成生态环境较好的农康旅综合体，能带动农文旅发展，推动“三产”融合，促进多赢局面。当然，不同地区的发展情况和条件存在差异，并不是每一个地区都适用“城乡融合”养老模式，具体的发展前景还需要结合当地的实际情况进行分析和探索。但总体而言，“城乡融合”养老模式为解决养老问题提供了新的思路和途径，具有较大的发展潜力和空间。除此之外，即使某些地区引入“城乡融合”养老模式，还需要进一步完善相关政策和措施，包括加强政策衔接、统筹规划、提升县域养老服务综合承载能力、促进产业融合发展、加强人才培养、健全监管体系等，并应在具体实践中不断进行探索，走出具有当地特色的养老产业路子。

（编辑：王永颜）

---

① 李志宏：《新时期我国老龄工作方针的内涵探析》，《老龄科学研究》2017年第2期。

② 《卓正集团：勾勒田园康养多业态融合新版图》，《城市开发》2022年第5期。

Urban-Rural Integrated Elderly-Care Service Model: Feasibility, Challenges and Strategies for Practice

SONG Caijuan, *WU Chenyang*

(Guangzhou Huali Science and Technology Vocational College, Guangzhou, Guangdong 510000, China)

Abstract: As China embarks on a new journey towards comprehensive socialist modernization and rural revitalization, it simultaneously faces the challenge of an aging population. The urban-rural integrated elderly-care service model emerges as a promising solution, effectively harmonizing diverse elements such as cultural environments, resources, public services, economic factors, and management across urban and rural areas. This innovative approach not only enhances the quality of elderly-care services but also yields broader societal benefits. However, the implementation of this model encounters significant challenges in terms of traditional mindsets, equitable resource allocation, and service guarantees. To address these challenges, a multifaceted strategy is required. This approach should prioritize strong leadership while leveraging cutting-edge scientific and technological advancements to improve service quality and efficiency. Additionally, innovative management practices are crucial for fostering internal dynamism and paving the way for an elderly-care system that supports China's modernization goals.

Keywords: Elderly-care Service Model; Urban-rural Integration; Rural Revitalization

• 国际视野 •

日本小学家庭科教科书的特点及对我国的启示*

姜晶书　肖　强

（吉林农业大学人文学院、家政学院，吉林长春 130118）

摘　要：劳动教育是发挥劳动的育人功能，对学生进行热爱劳动、热爱劳动人民的教育活动。劳动课程教科书是实施劳动教育的关键载体，对学校劳动教育的实践具有重要的现实意义。日本家政教育享誉亚洲，家政教育寓于劳动教育之中，成为实施劳动教育的重要途径。本文通过梳理日本小学家庭科教科书的概况，分析其内容特点与设计经验，提出了对我国劳动教育教科书特别是家政教育教科书编写的启示，以期为我国劳动教育高质量发展及"五育并举"教育体系的深化提供参考。

关键词：劳动教育；家政教育；家庭科；教科书

作者简介：姜晶书，吉林农业大学人文学院、家政学院讲师，研究方向：家政与社会发展；肖强，博士，通讯作者，吉林农业大学人文学院、家政学院教授，研究方向：家政教育。

2018 年，习近平总书记在全国教育大会上指出："党中央经过慎重研究，决定把劳动教育纳入社会主义建设者和接班人的要求之中，提出'德智体美劳'的总体要求。"2022 年 4 月，教育部印发《义务教育课程方案和课程标准（2022 年版）》，在劳动课程方案上进一步完善了培养目标，优化了课程设置，细化了实施要求。将劳动、信息科技从综合实践活动课程中完全独立出来，劳动课程内容共设置十个任务群，每个任务群由若干项目组成，任务群又分成了日常生活劳动、生产劳动、服务性劳动三种类

* 本文为吉林省教育科学"十四五"规划 2022 年度一般课题：基于 CIPP 模型的应用型本科家政学专业产教融合质量评价研究（GH22669）；吉林省教育科学"十四五"规划重点课题："本科高校家政学专业课程设置研究"（GH21118）项目成果。

型。推动劳动教育高质量发展，高水平的劳动教育教科书是重要的支撑条件。一段时间以来，我国在义务教育阶段虽有开设劳动教育相关课程，但受制于多重因素影响，劳动教育呈现边缘化、弱化和虚无化的特点①，劳动教育特别是家政教育教科书开发相对滞后。因此，建设一批具有时代性、指导性、生活性、实践性、创新性的教科书对于完善劳动教育学段衔接，持续深化“五育并举”教育体系，强化劳动教育的育人功能具有重要意义。

家政教育寓于我国小学劳动课程之中，劳动课程中的日常生活劳动教育即广义上的家政教育，其所学习内容与日本小学的家庭科课程类似，涵盖了家庭生活的各个方面，如烹饪、清洁、家庭管理等。日本的家政教育发端于明治时期，现已形成“家、校、社区、社会相结合”的家政教育模式。家政教育教学资源研究成果丰厚，在教科书的教学目标设计、教学内容选择、教育序列衔接、可读性与易读性方面积累了丰富的经验。作为基础教育的重要组成部分，日本家庭科课程旨在培养学生的生活技能、责任意识以及对家庭和社会的认知。家庭科不仅教授烹饪、缝纫等技能，更重要的是培养学生在家庭和社会生活中的综合素质与能力。日本的家庭科教育在世界范围内享有较高的声誉，其系统性、实用性和创新性备受关注。本文通过研究日本小学家庭科教科书的特点，深入分析其内容和形式上的先进性，以期为我国劳动教育，特别是家政教育教科书的优化和发展提供参考。

一　日本小学家庭科教科书概述

（一）家庭科课程

日本家庭科课程设立于 1947 年，是日本小学、初中和高中阶段的必修课程，主要围绕儿童和青少年的家庭生活开展关于家庭技能、家庭观念、

① 蒋洪池、熊英：《日本小学劳动教育：形式、特点及启示》，《外国教育研究》2020 年第 12 期，第 71~81 页。

家庭关系等方面的综合性教育。[①] 小学阶段家庭科课程是日本开展家政教育的重要途径。课程以家政学科建设为基础，通过生活经营理念的传授培养国民的自立支援意识，对日本社会影响深远。家庭科与生活科、社会科、道德科、综合学习时间和特别活动等共同构成了日本小学阶段的劳动教育课程体系。家庭科在小学第5~6学年开设，第5学年学习60学时，第6学年学习55学时。在课堂上学生需要发表与生活活动相关的见解，通过与衣、食、住、行等相关联的实践性和体验性活动，培养学生使生活变得更加美好的能力。

（二）家庭科教科书的编写与审定制度

日本教科书审定制度能够为小学家庭科教科书的质量提供保障。教科书被定位为“小学、初中、高中、中学和各类学校根据课程结构编纂的主要教材”，在促进学生学习方面发挥着重要作用。每所学校都必须使用教科书，以确保教育机会均等，并提高全国教育水平，家政教育也不例外。日本教科书从编写到使用主要包括五个步骤，通常需要四年时间。

1. 编写

教科书由私立出版社组织编写，每个出版社根据《学习指导要领》《教科书审定标准》等编写具有独创性的书籍，并根据课程标准和考试标准申请审定，一般该过程需要一年半到两年的时间。

2. 审定

只有通过文部科学省审定的书籍才有资格在学校用作教科书。出版社将审定的申请书提交给文部科学省教科书调查委员会，该委员会是文部科学省的咨询机构，负责调查书籍是否适合作为教科书。在理事会进行专业和学术审议后，文部科学大臣将根据报告进行审查，根据主题书籍的审定标准判断其是否适合作为教科书。

3. 采用

同一科目会有不同的教科书类型通过审定，因此需要文部科学省确定

① 孙成、唐木清志：《遏止少子化：日本家庭科课程的价值观教育对策》，《外国教育研究》2024年第5期，第47~61页。

学校使用的教科书类型。[①] 公立学校教科书的采用由教育委员会决策，国立和私立学校由校长进行选择，之后将教科书的需求数量报告给文部科学大臣。

4. 发行

文部科学大臣根据所报告的教科书需求量汇总结果，告知每个出版社发行的教科书类型和份数。接受本指示的出版社负责生产教科书，并委托供应商向每所学校提供教科书。

5. 使用

所选教科书通过经营教科书的书店最终到达学生手中，国立、公立和私立义务教育学校使用的教科书免费提供给所有学生，费用由政府承担。

教科书从编写到使用历经的年份、步骤及主体如表 1 所示。

表 1　日本教科书从编写到使用的基本流程

<table>
<tr><th>年份</th><th>步骤</th><th colspan="2">主体</th></tr>
<tr><td>第一年</td><td>编写</td><td colspan="2">教科书出版社</td></tr>
<tr><td rowspan="2">第二年</td><td>审定</td><td colspan="2">文部科学大臣</td></tr>
<tr><td rowspan="2">采用</td><td rowspan="2">公立学校的教育委员会</td><td rowspan="2">国立和私立学校校长</td></tr>
<tr><td rowspan="2">第三年</td></tr>
<tr><td rowspan="2">发行</td><td rowspan="2">教科书出版社</td><td rowspan="2">教科书供应企业</td></tr>
<tr><td rowspan="2">第四年</td></tr>
<tr><td>使用</td><td colspan="2">学生</td></tr>
</table>

资料来源：日本文部科学省网站。

经审定的私立出版社发行的教科书的数量占比较高，而高中阶段农业、工业、水产、家庭及看护的部分教科书和特殊学校用的教科书需求数量少，因而不能由私立出版社发行，文部科学省发行的书籍也可以作为教科书使用。此外，经过审定的教科书通常每四年修订一次，并进行重大更

① 张瑞：《新世纪日本教科书审定制度的发展及特点》，《高校后勤研究》2022 年第 3 期，第 81～84 页。

新。对于已通过审定的教科书，可以通过“更正已审定的图书”程序更新内容。通过文部科学省公布的家庭科教科书信息来看，出版社均报告了家庭科教科书的特色，以及各项活动与家政教育目标相关联的程度。统计数据、因客观情况的变化而出错的事实记载、错误记载、印刷错误等均可以通过一定的程序随时更新，这在很大程度上保障了家庭科教科书的科学性和时代性。

（三）家庭科教科书的使用情况

日本小学家庭科课程所采用的教科书共有两种，分别是东京图书株式会社出版的《新家庭》和开隆堂出版株式会社出版的《家庭科》，两种教科书均为一册，可供小学五、六年级使用，每所小学根据学校特点选用家庭科课程所用教科书。日本教科书的编写需要严格符合《学习指导要领》，《学习指导要领》是由日本文部科学省根据法律法规及学校教育课程设置的教育标准，地位和作用相当于我国的“课程标准”，全国各类学校在进行国民教育时必须遵守这一标准。[①]《学习指导要领》中明确了家庭科的教学目标为通过关于食物、服饰和居住等相关的实践性和体验性活动，培养学生创造美好生活所必需的资质和能力。教科书的设计要严格按照《学习指导要领》中教育目标的框架进行，让学生能够清晰地看到自己所要达成的目标，针对“对家人与家庭生活、衣食住生活、消费和环境等日常生活所必需的知识产生基础性了解，同时掌握与之相关技能”的目标要求，除了必要的基础性知识传达外，通过分解步骤的方法使学生逐渐掌握相关的技能。针对“养成重视家庭生活的意识，思考与家人和当地人们的关系，培养作为家庭一员让生活更美好的实践态度”的要求，在具体的课程中特别设置了“家政视窗”，让学生在课程开始之前了解学什么，以便后续引导他们运用家政的思维方式进行实践和体验活动。为了响应《学习指导要领·总则》中提出的“实现主动学习、互动学习和深度学习的课程改革”，教科书中明确列出了能

① 《日本小学学习指导要领：总则》，《世界教育信息》2017年第19期，第36~41页。

够实现这些目标的具体活动。

二　日本小学家庭科教科书的特点

本文以日本开隆堂出版株式会社 2020 年出版的家庭科教科书[①]为例进行分析，教科书根据学时安排，在五年级设置 11 个主题，六年级设置 9 个主题。通过对教科书进行综合分析，可以发现教科书在内容设置、学习方式、能力培养、文化传承、编排设计等方面的特点。

（一）设置多元化的生活主题，搭建跨学科的知识体系

教科书通过设置多元化的生活主题，旨在引导学生深入探索家庭生活的不同维度，涵盖家庭饮食、服饰、居住、消费、家族、环境保护等多个领域。这些生活主题与学生的日常生活紧密相关，易于学生将所学知识应用到真实生活情境之中，能够帮助学生更好地适应现代生活的多样性和复杂性。同时，学生能够学习如何理解和接受不同文化的家庭生活方式，培养对多元文化的包容性和跨文化的视野。在全球化日益加深的今天，这种文化包容性和视野拓展对于学生未来的发展尤为重要。教科书中设置的“家人与家庭生活”“衣、食、住生活”“消费生活与环境”三项主要议题，既注重知识传授，又兼顾实际操作和能力培养。不仅帮助学生掌握生活中的基础技能，同时也培养学生的综合思维能力。

教科书不是仅局限于家庭生活的实践技能教学，还特别注重跨学科的知识体系构建。教材内容涵盖食品营养、健康管理、环境保护、资源利用等多个领域，涉及生命科学、化学、物理、地理等学科，帮助学生在不同学科之间建立联系。例如，在探讨食物的营养成分和人体健康的关系时，学生需要理解食物的化学成分、代谢过程，以及其对人体器官功能的影响。这些知识不仅有助于学生掌握健康饮食的原则，还让他们

---

① 鳴海多恵子『わたしたちの家庭科』开隆堂出版社、2020、48 頁。

在日常生活中应用科学知识做出更明智的饮食选择。此外，教材通过跨学科研究的方式，引导学生将理论与实践结合。例如，在烹饪实验中，学生不仅学习如何选择和处理食材，还通过引入食材生长环境和地理分布的知识，了解食材与自然环境的关联。这种跨学科的教学方法不仅扩展了学生的知识面，还培养了学生的批判性思维和问题解决能力。同时，通过分析食材的可持续性生产和消费方式，学生能够更好地理解全球供应链、资源分配以及环境保护的复杂性，进一步增强他们的生态责任感。这种跨学科知识体系的搭建打破了学科之间的壁垒，使得学生能够在综合视角下进行思考与学习。教科书融合了多学科内容的教育方式，促进了学生在多个领域之间的知识迁移和整合，提升了他们在复杂环境中解决问题的能力。

（二）倡导体验性的学习方式，强调实践能力和创新思维培养

教科书特别重视小学生的主动学习和互动学习，倡导体验性的学习方式。教科书通过引导小学生解决生活中的实际问题，使其在真实生活情境中学会运用所学知识和技能。书中设计了大量生活化的场景与任务，例如如何合理分配家庭时间、规划健康饮食等，通过这些具体的问题情境，引导学生从实践中探索答案。体验性学习不仅是知识的传递，更是一种学习过程的体验。教科书通过设置丰富的活动，如模拟家庭环境的情境演练、小组讨论、实践观察等，让学生能够通过与同学、家长等的对话与交流，明确自己的观点，并在此过程中逐步建构自己的思想体系和价值观。教科书通过实验、观察、实践训练等具体环节，培养学生在真实场景中运用知识的能力。每一个实践活动都设计得十分周全，涵盖了制定计划、撰写报告、讨论、演示等多个步骤。通过内容安排，学生不仅能掌握基本的家庭生活技能，还能在学习过程中提高思考、决策和表达的能力。例如，学生在进行烹饪实验时，除了学习烹饪技巧，还会进行食材的选择、烹饪时间的管理，以及营养分析报告的撰写等任务。

教科书设置了多种生活化的活动，例如烹饪、家政管理等，通过这些

活动培养学生的自理能力和动手操作技能。在实践过程中，学生不再只是课堂的听众，更是活动的参与者和决策者。实践活动能够激发学生对劳动的兴趣，培养学生对劳动的正确认知。在实践中，学生能够亲身体验劳动的过程，看到自己努力的成果。这种实践体验不仅提升了学生的自信心，还增强了他们对学习的主动性和参与感。例如，学生通过完成家务任务，体会到劳动的价值，增强了责任感，并逐渐理解家庭成员分工与合作的意义。在这一过程中，学生往往会遇到各种意料之外的挑战，促使他们不断尝试新方法并寻找解决问题的方案。教科书在设计上鼓励学生在实践中发挥创造力，提出自己的想法，并进行探索和尝试。这种探索性的学习过程，有助于学生形成开放性的思维模式，并在不断解决实际问题的过程中激发创新思维。

（三）提升家政知识的实际应用能力，蕴含职业启蒙教育

教科书不仅关注学生在课堂上的实践能力（如烹饪、缝纫和清洁等基础家政技能）的培养，还特别强调学生如何在日常生活中有效运用这些知识和技能，提升他们的实际应用能力。实际应用能力是指学生将课堂上学到的知识转化为应对现实生活中挑战的能力，如在家庭中合理规划预算、选择健康的食材、优化生活空间布局等。通过一系列以生活为基础的问题解决情境，教材引导学生识别生活中的需求和挑战，并应用所学家政知识予以解决。这种基于实际应用的教学模式，不仅提高了学生的适应能力和应变能力，还激发了他们在生活中灵活运用所学的兴趣和动力。课程设计通常沿着“注意并发现问题”“学会解决问题”“在日常生活中应用和强化所学”的步骤展开。在“家人与家庭生活”主题的实践中，教材展示了详细的操作步骤，并通过分享多种实际案例，帮助学生理解如何将家政知识运用于家庭和社区。为了强化这一点，教科书还提供了大量数字化内容，帮助学生在更丰富的学习环境中巩固实际应用能力。这种教学策略不仅让学生掌握了家政技能，还促进了他们在日常生活中的自主学习与实践，提升了整体生活品质和解决问题的信心。

20 世纪 50 年代末，家庭科课程的职业教育功能逐渐受到日本政府

的重视。教科书通过多种形式向学生介绍与“衣、食、住、消费、环境”等领域相关的职业，使学生从小开始了解职业世界。教材以“职业采访”的形式展示了21名来自不同领域的职业者的留言，这些职业者向读者介绍了他们的职业职责和对工作的看法。通过真实职业者的视角，学生能够认识到社会的运转离不开各种各样的职业，日常生活中的点滴也由职业者们的劳动所支撑。这种职业启蒙让学生开始思考个人与职业的紧密联系，并逐步树立对未来职业的初步认知和尊重。此外，教科书还特别设置了“以职业为纽带，通向可持续发展社会”的专题页面。这部分内容不仅展示了职业与个人生活的联系，还深入探讨了职业在推动社会可持续发展中的作用。这些职业启蒙内容让学生开始将职业与更广泛的社会责任联系起来，激发他们在未来职业选择中，不仅考虑个人利益，还要关注对社会和环境的贡献。这种职业启蒙教育为学生树立了广阔的职业观念，同时也为他们未来的职业选择提供了深刻的启发和方向。

（四）综合考量地域特征，注重传统生活文化的传承与保护

教科书在内容设计上充分考虑了不同地域的特征，以反映各地独特的劳动资源、产业结构和传统工艺，展现当地的经济、文化和社会背景。这种地域性内容不仅增强了学生的本地认知，还为他们提供了更具实践性的学习机会。教科书中引入了实地考察与社区互动的活动，构建了涵盖文化、历史、地理等多学科的综合学习框架，将地域特色与日常生活中的衣、食、住内容紧密结合。例如，学生学习地域特色的食品制作方法、了解其历史渊源和营养价值，能够更好地理解本地食材的独特性和重要性。通过这些与地域生活紧密关联的学习内容，学生能够深入了解当地居民的生活习惯、居住环境和社会价值观，从而增强对本地文化的认同感和社会责任感。此外，教材还通过大量案例展示了地域社会如何影响学生的日常生活，培养他们对当地社会的归属感和参与精神。例如，教材介绍了当地传统工艺或农业生产活动，带领学生亲身体验这些与自己生活息息相关的活动，激发他们对本土劳动和产业的尊重与兴趣。这种结合地域特点的教

学方法有助于学生认识到自身与社区的深厚联系，进而培养其对所在地域的热爱与奉献精神。

教科书以多种形式介绍了当地的传统生活文化和习俗，帮助学生深入了解并传承本土文化。在与传统文化相关的页面上，特意印有传统标志，以明确标示出与文化传承相关的内容。此外，教科书在与衣、食、住等方面相关联的章节中引入了大量与日本传统文化有关的内容，通过这些传统元素的引入，让学生在学习生活技能的同时，也逐渐加深对本民族文化的认知和尊重。书中还特别提到了包袱皮的使用技巧等传统手工艺，让学生了解这些传统技艺的历史背景和实际应用。通过学习这些内容，学生可以更深刻地理解传统文化的价值和内涵，进而增强对本土文化的认同感。教科书不仅强调传统生活文化的价值，还鼓励学生以创造性的方式将传统融入现代生活。例如，利用当地特色食材创作新的菜肴或将传统手工艺与现代设计相结合。这样，不仅能够让学生从历史和文化的角度加深了对传统的理解，也激发了他们对文化保护和创新的责任感。传统文化的传承与保护在《家庭科》教科书中不仅仅是知识的传递，更是社会责任的培养，具有深远的现实意义。

（五）版式设计符合学生认知特征，图文并茂激发学生学习兴趣

教科书的版式设计充分考虑了小学生的认知特征，既体现科学性又充满吸引力。版式设计不仅影响教材的可读性和信息传递效果，也直接关系到学生的学习参与度和效果。因此，教科书采用了简洁、清晰且符合视觉规律的设计，旨在引导学生更好地理解内容。教科书围绕 4 个小学生角色展开，角色的年龄与经历贴近所学年级学生的实际生活，帮助学生通过这些人物的经验进行联想和思考。“三叶草”和“色彩艳丽的兔子”的卡通形象贯穿其中，增强了教材的趣味性和亲和力。这些设计不仅让教材更加生动有趣，还能通过视觉刺激提升学习效果，使学生在学习过程中保持积极性和好奇心。通过这些个性化设计，教材达到了吸引学生注意力并促进深度学习的目的。

插图作为教科书中的“第二语言”具有激发学生学习兴趣、培养学

生想象力和审美能力、传递文化价值观念等教育功能。[①]《家庭科》教科书的图文设计以色彩无障碍为原则，特别考虑了低视力儿童的阅读需求，确保所有学生都能便捷地使用教科书。在字体选择上，使用了通用字体，以提高学生的阅读效率和舒适感。通过框线和着色等方式，明确区分了正文与辅助信息部分，使得学生在视觉上更容易抓住重点。此外，在内容导入阶段，插图被巧妙地运用于激发学生的好奇心和兴趣。教材中的插图设计精巧，特别是在实践操作部分，插图成为关键教学工具。例如，烹饪操作的插图设计十分详尽，双页横向记录的形式充分考虑了小学生的视觉流动，帮助学生一步步掌握技能。在操作过程中，学生可以通过插图确认食材的状态，如蔬菜在不同火候下的颜色变化等，增强了动手操作的准确性。插图不仅仅是视觉辅助工具，更是在实践中引导学生正确操作的指南。值得一提的是，教科书中的插画设计还展示了多元文化和多样化的社会群体，如婴幼儿、老人、残疾人、疾病患者及外籍人士等。这种多元化的角色设计拓宽了学生的视野，让他们能够接触到更广泛的社会现实，培养了学生对多样性和包容性的理解与尊重。此外，轮椅使用者的形象也出现在插画中，体现了教材对全纳教育理念的重视，让学生意识到人人平等与社会融合的价值。这些设计不仅增添了教材的趣味性，还通过潜移默化的方式培养了学生的社会责任感和同理心。

三　日本小学家庭科教科书对我国的启示

在全球范围内，家政教育逐渐被视为劳动教育的重要组成部分，其核心在于培养学生的生活技能和自立能力。美国、德国以及北欧国家积累了百年之久的家政教育实践经验，特别是在小学阶段早已开设独立的家政课程。在亚洲，日本的家政教育凭借其系统性和实用性，形成了从

① 卞也：《日本光村图书版小学低年级国语教科书插图研究》，硕士学位论文，沈阳师范大学，2019。

小学到大学的完整教育序列，具备了较为成熟的学科体系，成为家政教育的典范。日本小学阶段的家政教育，尤其以家庭科课程为代表，采用体验式、实践性和解决问题导向的教学方式，帮助学生掌握生活自立所需的基础知识和技能。不仅能有效解决学生个人及家庭生活中的问题，还能够引导学生主动参与社区事务，提升他们独立经营生活的能力，进而改善生活品质。

作为实施劳动教育的关键途径，日本小学家庭科展示了其独特的优势和影响力。家庭科教科书中的学习内容几乎涵盖了我国《义务教育劳动课程标准（2022 年版）》中所提出的日常生活劳动任务群的全部内容。这一体系化、实践化的教育模式，为我国推进劳动教育发展、实现“五育并举”提供了重要的经验参考。鉴于我国小学阶段尚无独立的家政教育课程，家政教育被包含在劳动课程的日常生活劳动任务群之中，通过借鉴日本家庭科教科书编写经验，不仅可以提升我国劳动课程教科书的编写质量，也可为未来小学开设独立的家政课程奠定基础，提升学生以劳动观念、劳动能力、劳动习惯和品质、劳动精神为主要内容的劳动素养，推动劳动教育的深入发展。

（一）丰富跨学科的劳动知识内容设置

跨学科知识体系的构建能够有效激发学生的创新潜能，促使他们在不同学科领域之间进行知识交流与思维碰撞，培养具备多维度创新能力和创造力的人才。结合日本家庭科教科书的成功经验，我国的小学劳动课程教科书在设计过程中可以进一步丰富跨学科内容的设置，充分体现劳动教育的综合性和多样性。在具体的课程设计中，可以通过整合主题单元、交叉引用知识点等方式，将劳动教育与科学、地理、社会、环境、健康等知识内容相结合。通过跨学科的知识关联，劳动教育不仅能帮助学生解决实际生活中的问题，还能够拓展其思维能力，鼓励学生通过跨学科视角来应对日常生活中的多种挑战。跨学科的知识体系能够促使学生形成综合性思维，使他们能够灵活地将不同领域的知识进行整合和应用。不断提升学生的综合素养，培养其在未来生活和工作中面对复杂问题时的适应能力和创新能力。

（二）增设以项目为导向的实践活动方式

传统劳动教育教学中存在学生的体验性不足，重视理论知识传授，而忽视实际操作能力培养的问题。为解决这一问题，我国劳动课程教科书应当加强实践操作环节的设置，着力推动以项目为导向的实践活动，鼓励学生在动手实践中获得更多的实践经验和技能，增强他们的实际操作能力和问题解决能力。项目式实践活动应当紧密结合生产、生活和社会发展的实际需求，设有明确的项目目标、具体的任务分解、清晰的成果评估与反馈机制，并为学生提供畅通的经验分享渠道。同时，教科书也需要辅助以相应的资源支持与教师指导，确保学生在实践活动中能够获得充分的帮助与引导。例如，学生可以围绕环保、社区服务或家庭管理等现实生活主题，开展一系列的项目实践活动。这不仅可以帮助学生形成与真实劳动场景的情感连接，体验劳动的过程与成果，还能够让他们在参与中感受到劳动的意义与价值，逐步建立起尊重劳动、热爱劳动的意识。项目式的实践活动能够促进学生从被动的知识接受者转变为主动的生活探索者与改进者。通过项目的实践和反思，学生将学会将所学的知识灵活应用于解决生活中的问题，并通过对日常生活的批判性分析来提升生活质量与幸福感。

（三）在劳动教育中融入职业启蒙教育

在小学劳动课程教科书中融入职业启蒙教育，能够帮助学生从小认识和理解不同职业，引导他们树立正确的职业观念和就业意识。这不仅能够拓宽学生的职业视野，还能够为未来的职业规划奠定基础。劳动教育与职业教育相结合，将为学生提供接触和了解各种职业的机会，使他们更早地确定自己的兴趣和优势，逐步形成职业理想。在教科书中，应通过专题页面或实际案例的形式引导学生认识到各类职业对社会的价值和重要意义。学生可以通过学习了解不同职业在社会发展中的不同作用，结合各类职业工作场景感受劳动的多样性和职业选择的丰富性，树立职业榜样，激发学生对职业的憧憬与敬重感。此外，职业启蒙教育还应弘扬劳动精神，强调

“工匠精神”和“劳模精神”的培养。这不仅是劳动教育的重要组成部分，也有助于学生树立正确的劳动观念，培养他们对劳动的热爱和尊重，以及珍惜劳动成果的意识。通过典型的职业榜样故事和相关活动，学生能够逐步认识到劳动不仅仅是谋生手段，更是服务社会、实现自我价值的重要途径。这种职业启蒙教育将帮助学生建立自觉劳动的意识，为未来的职业选择打下坚实基础，增强他们对劳动的责任感与认同感。

（四）突出地区和文化传承特色

因地制宜是实施劳动教育的一项基本原则。[①] 我国地域辽阔，各地区的劳动生活方式和传统技艺存在较大差异，因此在劳动课程教科书中应充分考虑差异性，灵活设计教学资源。劳动课程教科书可以依据课程标准，结合各地区的地理环境、资源禀赋和人文环境，设置与当地实际相适应的劳动教育主题。通过这些设计，学生能够深入了解本地区的自然与人文特色，增强对本土劳动生活的认知与认同。这不仅有助于学生体验劳动的多样性和魅力，还能使他们感受到传统劳动技艺的重要性。同时，通过展示各地劳动者的故事与劳动成果，教科书可以让学生直观地了解劳动者的辛勤付出，培养学生珍惜劳动成果、尊重劳动者的意识，进而形成正确的劳动态度。传统文化的传承与保护也是劳动教育中不可忽视的部分，教科书应深度挖掘中华传统文化中蕴含的劳动价值观念，将其与现代劳动教育结合，帮助学生在新时代中理解传统文化的价值。通过学习和体验传统技艺，学生不仅能继承和发扬本地区的文化遗产，还能增强文化认同感，树立文化自信。同时，劳动教育中的文化传承也能促进学生形成正确的劳动价值观，培养他们勤劳、坚韧的劳动品质，帮助他们在未来社会中更好地发挥作用。

（五）优化教科书的编排逻辑和版式设计

教科书以学习者为中心，即在内容选择、组织编排与呈现等方面体现

① 牛瑞雪：《中小学如何构建劳动教育特色课程体系——落实〈关于全面加强新时代大中小学劳动教育的意见〉的实践策略》，《课程·教材·教法》2020年第5期，第11~15页。

对学习者认知和情感需求的观照，激发其学习兴趣与动机，培养其自主学习能力。[①] 教科书内容的选择与组织应结构清晰、重点突出，确保学生能够循序渐进地掌握从基础知识到技能应用的内容，避免知识点的断层或过度跳跃。合理的编排逻辑有助于不同学段之间的衔接，使学生在各个阶段的学习中逐步提高，明确学习中的重点和难点。在版式设计方面，教科书的风格应统一、视觉效果清晰。字体、颜色、字号等设计元素应体现专业性和美感，避免使用过多的装饰性元素干扰阅读。合理的版式设计不仅能够吸引学生的注意力，还能帮助学生更好地理解教材中的知识。应确保信息简洁明了，避免因过度冗杂的内容影响学生的阅读体验与学习效果。针对不同年龄段学生的认知发展特点，教科书在文字和插图的布局上也应有所区分。低年级的教材可以注重色彩鲜明、图像引导的内容呈现方式，而高年级的教材则可以更多地采用逻辑清晰、文字和图表结合的形式来呈现复杂的内容。插图不仅要与文本内容紧密结合，还应兼顾多样化和包容性。通过展示来自不同文化、背景的角色形象，使教材更加贴近生活实际，并在教学中体现社会的多样性与包容性。这种图文结合的设计能有效提升教科书的直观性和趣味性，增强学生的学习兴趣与参与度。

结　语

劳动课程教科书作为劳动教育的重要载体，肩负着实现小学劳动课程教学目标、发挥劳动育人功能的重要使命。高质量的劳动教育教科书不仅是推动劳动教育高水平发展的核心支撑条件，更是确保劳动教育在实践中取得实效的关键。我国劳动教育教科书，特别是涉及家政教育的日常生活劳动任务群，应充分借鉴日本家庭科教科书在内容设置、跨学科知识整合、实践活动导向、职业启蒙和文化传承等方面的成功经验，并进一步优化编排逻辑和版式设计，突出实践性和地域特色，全面提升教材的指导性

① 郭宝仙：《以学习者为中心的英语教材：特征、表现与启示》，《课程·教材·教法》2022年第9期，第136~144页。

和可操作性，以更好地推动家政教育与劳动教育的有效实施。在构建更加贴近学生生活、符合时代需求的劳动教育课程中，劳动教科书的作用不可忽视，它将在深化“五育并举”教育体系、培养学生全面发展的过程中发挥重要的推动作用。

（编辑：李敬儒）

Characteristics of Japanese Elementary School Home Economics Textbooks and Their Implications for China

JIANG Jingshu, *XIAO Qiang*

(College of Humanities and College of Home Economics, Jilin Agricultural University, Changchun, Jilin 130118, China)

Abstract: Labor education plays a vital role in fostering the educational function of labor by instilling in students a love for labor and respect for laborers. As a key medium for this educational goal, labor curriculum textbooks play a significant role in shaping labor education within schools. Japan's approach to Home Economics education is highly regarded across Asia and serves as a vital component of labor education. This paper provides a comprehensive review of Japanese elementary school Home Economics textbooks, examining their content characteristics and design methodologies. Furthermore, it offers valuable insights for the development of labor education textbooks in China, particularly in the context of Home Economics. The findings aim to support the high-quality advancement of labor education and enhance the implementation of the "Educating Five Domains Simultaneously" framework in China.

Keywords: Labor Education; Home Economics Education; Home Economics Curriculum; Textbooks

威尔士0~3岁儿童托育课程体系的背景、内容及启示*

李创宇[1]　田宝军[2]

（河北师范大学 1. 家政学院 2. 教师教育学院，河北石家庄 050024）

摘　要：英国威尔士地区的托育课程体系结构完整、内容科学，旨在实现儿童的整体发展，为其未来生活做好准备。该课程体系针对0~3岁的儿童设定了归属感、交流、探索、身体发育和幸福感五条发展路径，以游戏和户外活动为主要教养手段，坚持以儿童为中心，顺应儿童的身心发展需要，促进儿童的健康成长。为了持续提升课程质量，该课程体系构建了观察主导的评价改进模式，教师在实践中观察儿童的发展状况以及自身的教养效果，参照指导文件中的量表进行教学反思，以促进托育实践的优化改进。该课程体系可为我国托育的发展提供诸多借鉴：在教学实践中注意提升儿童的自信水平，帮助儿童养成阳光向上、独立勇敢的品质；在教学设计中坚持儿童本位，以儿童的需要为根本出发点；教学反思过程量化、程序化，实现反思成果向实践转化。

关键词：威尔士；托育课程；早期教育

作者简介：李创宇，河北师范大学学前教育学专业硕士研究生，主要研究方向为学前教育学。田宝军，河北师范大学教师教育学院教授、博士生导师，主要研究方向为教师教育、教育经济与管理。

近年来，我国大众对0~3岁儿童早期教育的认可度显著提升，越来越多的家庭意识到早期教育的重要性，并选择将孩子送入早教机构，传统的育儿模式正逐渐被新兴的托育服务体系替代。① 政策层面的支持也日益显著，2021年3月，《中华人民共和国国民经济和社会发展第十四个五年规划和2035年远景目标纲要》明确提出："发展普惠托育服务体系，健全支

* 本文为河北省教育科学"十三五"规划重大招标课题"河北省中小学教师队伍建设'十四五'规划编制研究"（项目号：2001006）成果。

① 徐小妮编著《0~3岁儿童早期教育概论》，复旦大学出版社，2021，第44页。

持婴幼儿照护服务和早期发展的政策体系。”由此可见，完善托育服务体系，提升早期教育的质量已成为我国教育事业发展的必然要求。

课程是达成教育目的的媒介，是教育质量的直观体现。[①] 托育课程建设是促进托育服务质量提升的关键。许多发达国家如英国、美国、澳大利亚和新西兰等，早已建立起相对完善的托育服务体系，并制定了规范的课程框架。[②] 相比之下，我国托育课程的发展尚处于起步阶段，国家还未发布统一的质量标准，相关的理论研究十分欠缺。[③] 为了弥补我国托育发展的短板，学习借鉴国外的优秀经验显得尤为迫切。英国的托育服务体系经过多年的发展已十分完备，中央提供方向指导，地方各自构建具有本地特色的托育服务体系，其中威尔士地区的托育课程体系进行了新一轮的修订完善，内容全面，结构完整，特色鲜明，充分满足0~3岁儿童的发展需要。对威尔士的托育课程体系展开研究，有助于推动我国托育课程体系的建设。

一　威尔士托育课程体系的产生背景

（一）英国托育服务体系：多年发展后的日臻完善

英国的托育发展经历了漫长岁月的积淀与演变。1998年，英国颁布《应对儿童保育挑战》绿皮书，也称“国家保育战略”（The National Childcare Strategy for England），主要内容包括：提高保育质量，财政拨款减轻工薪家庭养育儿童的负担，扩建保育场所。[④] 2004年出台的《家长的选择与儿童最好的开端：儿童保育十年战略》（Choice For Parents, the Best Start for Children—A Ten-year Strategy for Childcare）提出，为了帮助父母平衡家庭

---

① 彭秋璨、张玲慧、李红等：《0~3岁早期教育课程的国际借鉴与启示》，《安徽教育科研》2023年第16期。

② 海青：《托育课程框架国际比较研究及对我国的启示》，硕士学位论文，华东师范大学，2022。

③ 徐小妮编著《0~3岁儿童早期教育概论》，复旦大学出版社，2021，第45页。

④ 邢思远：《英国0—3岁婴幼儿托育服务经验及其对我国的启示》，《教育导刊》（下半月）2019年第7期。

和工作，要提供更灵活多样的早期教育。[1] 2008 年出台《早期奠基阶段法定框架》（Statutory Framework For The Early Years Foundation Stage，EYFS），标志着 0~5 岁儿童保教一体化教育模式正式确立。此后，政府围绕该框架更新完善相关政策为托育发展提供坚实的制度保障。[2] 英国的托育服务种类繁多，形式多样，包括儿童保育员、家庭活动小组和早教机构等[3]，均由教育部门管理，注册与监管体系十分完善。课程方面以 EYFS 为指导标准，它详细规定了 0~5 岁儿童各阶段的发展标准，将儿童早期保育与教育相融合，倡导通过游戏促进儿童成长。[4] 除了方向上的指导，政府还通过提供津贴、税收减免以及规范育儿假期等手段，有效减轻家庭育儿负担。[5] 综上所述，英国已构建起一套全面、高效的托育服务体系，为本国儿童的早期教育提供了有力保障。

（二）威尔士托育服务体系：宏观指导下的自成一系

英国的地方教育部门一直拥有较大的自治权，可以在国家大政方针的指导下自行立法，采取各具特色的教育政策与策略，故英国的不同区域有其独立的教育体系。威尔士从 20 世纪初开始发展托幼，在沿袭国家政策的基础上发扬本地特色，至今已积累了丰富的经验。2002 年，朗达·塞侬·塔夫（Rhondda Cynon Taf）发起“起源项目”（Genesis Project）。该项目旨在为儿童保育所、流动托儿所以及社区日托所提供资金支持，帮助再就学或再就业的家长解决无暇照顾儿童的问题。2005 年，教育和终身学习大臣简·戴维森（Jane Davidson）发起了针对威尔士 0~3 岁儿童的“放飞开

---

① 母远珍、崔哲：《英国面向贫困儿童的早期教育政策》，《学前教育研究》2016 年第 11 期。

② 易凌云：《英国早期教育政策与实践的现状及其对我国的启示》，《湖南师范大学教育科学学报》2016 年第 6 期。

③ 董玉莲：《典型国家 0—3 岁婴幼儿托育服务研究——基于美英德瑞日的政策比较》，硕士学位论文，华中科技大学，2022。

④ 彭秋璨、张玲慧、李红等：《0~3 岁早期教育课程的国际借鉴与启示》，《安徽教育科研》2023 年第 16 期。

⑤ 杨琳琳、周进萍：《德国、瑞典、日本和英国普惠托育支持模式探析》，《成都师范学院学报》2023 年第 10 期。

端”（Flying Start）计划。该计划旨在为所有 2~3 岁的儿童提供半日制儿童保育中心服务。① 近十年来，威尔士政府着力提高保育质量，定期提供相关指导。2013 年发布《建设更光明的未来：儿童保育计划》（In Building a Brighter Future：Early Years and Childcare Plan）②，2017 年发布《有关儿童保育、游戏和早期教育从业人员的计划》（Childcare，Play and Early Years Workforce Plan）③，2019 年推出“幼儿教育和保育方法”（Early Childhood Education and Care Approach，ECEC）④，2024 年发布《威尔士幼儿游戏学习和护理计划》（The Early Childhood Play Learning and Care in Wales Plan，ECPLC）⑤。ECPLC 是 ECEC 进一步完善后的产物，当前威尔士的托育课程正是以 ECPLC 为指导的，该计划由专家精心编写而成，是一系列指导文件的集合，汇总了先前托育发展的成果，系统地阐明如何促进婴幼儿茁壮成长。ECPLC 推动威尔士的托育课程体系进一步向规范化、专业化迈进，使培养目标更加明确，贯穿始终，实施策略具体翔实，操作性增强，评价改进步骤模块化，能够更好地发挥教学反思的作用。以 ECPLC 为核心的威尔士托育课程体系为威尔士的托育发展提供了全方位的指导，展现出了许多优点。

二 威尔士托育课程体系的整体架构

（一）培养目标：着眼儿童整体发展

威尔士托育课程体系的总目标包含以下四部分。

有理想、有才干的学习者（Ambitious，Capable Learners）：这一目标主要涉及知识的获取、掌握和应用，学习者应增强信息搜索、分析的能力，构建独属于个人的知识体系，并能使用本族语言准确表达各种概念、

① 杨亚敏：《英国地方学前教育政策及机构初探》，《世界教育信息》2013 年第 9 期。

② https：//www. gov. wales/written-statement-10-year-early-years-childcare-and-play-workforce-plan。

③ https：//www. gov. wales/written-statement-childcare-play-and-early-years-workforce-plan。

④ https：//www. gov. wales/written-statement-launch-early-childhood-education-and-care-ecec-approach。

⑤ https：//www. gov. wales/written-statement-early-childhood-play-learning-and-care-wales-plan。

想法。此外，要求个体善于发现问题，辩证地看待问题，学以致用，利用知识解决问题，敢于迎接挑战，坚持终身学习。

有进取心和创造力的贡献者（Enterprising，Creative Contributors）：这一目标主要涉及创造力的培养和展现，要求个体敢于打破常规，培养发散型思维，在团队合作中勇敢地向伙伴表达创新性的见解，充分发挥创造力解决问题，为社会和他人做出贡献。

有道德、有见识的世界（威尔士）公民（Ethical，Informed Citizens）：这一目标主要涉及塑造正确的价值观和主动承担社会责任，要求个体理解世界的开放性、多元性，尊重他人的权利，照顾他人的想法，履行个人义务，并坚持可持续发展理念，保护地球环境。

健康自信的人（Healthy，Confident Individuals）：这一目标主要涉及身心健康，要求个体注意饮食和锻炼，养成健康的体魄；精神层面，保持积极向上、乐观自信的态度，照顾好自己的生活；情感层面，与他人建立积极的联系。

该目标体系不仅立足长远视角，侧重儿童学习品质、学习习惯和创新思维的养成，让每个个体充分挖掘自身潜能，实现自我价值，为个体的终身成长指明方向；而且兼顾了个性化和社会化的要求，强调养成独立人格的同时，也要求人才培养要满足社会需要。

（二）课程内容：情感需要与身体发育的协调并进

威尔士托育课程体系的内容沿五条发展路径展开，具体包括：归属感（Belonging）、交流（Communication）、探索（Exploration）、身体发育（Physical Development）和幸福感（Well-being）。鉴于0~3岁的儿童发展迅速，不同的年龄阶段呈现不同的发展特点，因此各路径分别论述了儿童在0~1岁、1~2岁和2~3岁的不同表现。

值得一提的是，威尔士托育课程体系站在儿童的立场阐释发展路径，将“我在这！”（Here I am!）、“我在探索！”（I am exploring!）和“现在看看我！”（Look at me now!）作为三个年龄阶段的象征性标签，意指0~1岁的儿童依赖成人照顾，需要时刻关注，1~2岁的儿童行动能力增强，开始广泛地探索世界，2~3岁的儿童交际能力提升，渴望同伴交往；用“我需要”（I need to …）、“我正在学习”（I am learning to …）和“我因此得到发展”（My … is enhanced by …）代替基本需要、发展任务和教养建议这类传统学术术语；同时，基本需要、发展任务和教养建议的具体解释采用“感到安全”（feel safe and secure），“感到被爱、被重视和尊重”（feel loved and valued，and be respected）等贴近儿童体验的表述，通过呈现儿童的真实需求，引导教养者理解儿童的发展特点，并据此制定适宜的保育与教育方法。

课程内容充分贯彻全面发展的教育理念。三个年龄段的要求依次递进，体现了发展的顺序性和阶段性特征。五条发展路径中，探索和身体发育主要关注身体层面，归属感、交流、幸福感主要关注心理层面，各路径之间彼此独立，又相互联系，不可分割。

1. 归属感

归属感强调儿童与他人以及周围的环境建立稳定且持续的情感联结，意识到自己与其他人或物之间的联系。对于刚出生的婴幼儿来讲，归属感主要指亲子之间的依恋关系。随着年龄增长，社交范围扩大，联结范围随之扩展，其他家庭成员、同伴、社区邻里也将包括在内。

出于先天的本能，0~1岁儿童的归属感主要指母婴之间的依恋关系，即在儿童心中建立一种信任感：母亲可以在自己需要帮助和抚慰时随时回归，提供依靠。这要求教养者足够敏感，在尊重理解儿童的基础上，了解儿童的需要，及时给予积极适宜的回应。注意形体语言（如爱抚、搂抱等）的使用，这样有助于与儿童建立安全舒适的关系。

1~2岁的儿童自我意识萌发，开始区分主客体之间的关系，对环境的感知力度增强，对自我和所属群体的认识加深。教养者应在保障安全的基础上提供各种物理刺激，调动儿童的感官感受所处环境，引导儿童认识环境中的客体，并给予积极的情感支持，增强儿童的自我认同感，让儿童明白自己是重要的、有价值的。

2~3岁的儿童更加独立，渴望建立同伴关系，和更多的人接触使儿童逐步学会关注他人的需要。教养者需提供一个包容多元的环境，呈现文化差异，帮助儿童更好地认识自己，在家庭之外与学校、社区等建立更广阔的联系。与他人的交往要求儿童理解掌握社会规范，教养者应在关爱、尊重儿童的同时，注意树立权威，促进规范养成。

2. 交流

交流即沟通能力的发展，表达自己的想法，理解他人的信息。儿童的沟通交流不限于语言，还包括非语言的表达方式，如涂鸦、手势、表情、动作等。儿童对人类的语言和表情十分敏感，他们是天生的“交流家”，很早就能借助各种方式与人沟通。最初儿童只能通过非语言的方式与成人实现信息的交换，随着年龄增长，儿童将在日常交往中逐渐学会辨别语音、理解信息、掌握概念、使用语言。

0~1岁的儿童还不能使用语言，他们通过哭闹、肢体动作、眼神交流以及简单的声音和手势来表达自己的需求和愿望，教养者应用柔和的语调积极回应。教养者可以通过“用手指物”的办法帮助儿童理解词句和事物之间的关联，以促进其能力发展。

1~2岁的儿童逐渐掌握接受性语言，能够理解别人说的话，能够使用简短的词句。教养者应抓住每日例行活动中的交谈机会，用起伏变化的音量、语调锻炼儿童对词句的感知。在儿童说话时，补充上下句，增加儿童的词汇量，提高儿童的理解能力。

2~3岁的儿童在词汇和语法结构上有所突破，能够依靠语言表达自己的想法，句子结构更加完整，不再过分依赖情境表意。此时教养者应该提供丰富多样的语言环境，使用讲故事、唱儿歌等方式，促进儿童听、说、注意力、理解力多项能力的发展。

3. 探索

探索源于儿童对周围世界的好奇。对于刚出生的婴儿来说，周围的一切都是新鲜事物，吸引着他们的注意，他们为此感到着迷，积极主动地研究着这个世界。儿童的探索范围随着感官能力和动作技能的发展而扩展。一开始婴儿只能注视观察眼前的区域，身体发育后能够手眼并用地操作物体，学会走路之后便可以自主活动，尝试探索一切他们感到好奇的事物。

0~1岁的儿童既向内探索自己的身体，不断掌握新技能，又向外利用所有感官感受这个世界，他们喜欢用眼睛观察人脸和缓慢移动的物体，用手触摸物体表面感受形状材质，用嘴啃咬小体积的物件，用耳倾听各种声音。教养者需要为儿童创造安全的环境，提供一些可供儿童探索的材料，此时儿童的运动能力尚在发展，教养者可为儿童的探索行为提供协助。

1~2岁的儿童逐步获得独立探索的能力，儿童会继续探索各种物品，观察、敲打、投掷、触摸它们，但探索的目的已经改变，重复某一动作，不再是为了了解物品特性，而是为了练习技能。教养者要有足够的耐心，为儿童的探索提供更多的时间，要兼顾室内室外，拓展探索的空间，利用儿童的好奇创造更多的学习机会。

2~3岁的儿童探索的层次进一步提升，探索的目的性增强，开始思考事物运作的原理，构建因果关系，还能够发挥主观能动性进行创作。教养者需要提供更多种类的材料和工具用于游戏和实验，激发儿童的兴趣。多对儿童表达赞赏和认可，将使儿童更自信、更富有热情地探索这个世界。

4. 身体发育

身体发育即在儿童生理成熟的基础上，发展粗大和精细运动能力。儿童的身体发育有明显的阶段特征，儿童随着肌肉力量的增强获得新的运动技能。

0~1岁儿童的运动技能发展得极快，短短一年的时间，儿童依次学会翻身、侧卧、趴、爬行、坐立、站立、行走。上肢动作的发展也极为迅速，儿童一开始只能用手臂带动手掌、手指拍打物体，在反复的动作练习后，学会手掌、各个手指之间分工合作，掌握抓握能力。感官能力也在这一阶段突飞猛进，视觉距离由近到远，学会分辨颜色，获得立体视觉，听觉敏感度提升，触觉也有所发展。教养者首先要保证环境的整洁卫生，安全可靠，这关系到儿童的身体健康；其次切记要尊重儿童的发展规律，了解关键动作的发展月龄，切不可拔苗助长；最后可提供一些材料支持，儿童的站立、行走需要支撑物，抓握能力的练习需要玩教具。

1~2岁的儿童平衡能力增强，能够跳跃、奔跑、上下楼梯，能更好地控制自己的身体，动作进一步向精细化发展，学会使用工具，如用勺子吃饭、握笔划线等。教养者依旧要给予环境、材料上的支持，帮助儿童发展核心力量，增强协调能力。除了物质上的支持，情感上也要给予鼓励。

2~3岁儿童的动作敏捷性、协调性大大提升，能拍球、抓球、滚球，能控制球的方向。手指灵活度增强，能够剪纸、拼图、涂鸦等。空间方位感建立，能够分辨上下前后。教养者要为儿童的发展提供更多的机会，多带儿童到自然环境中锻炼，室内室外相结合，增强儿童对时间、空间的感知。儿童天生对音乐怀有浓厚的兴趣，可以结合舞蹈、歌曲发展儿童的动作能力。

5. 幸福感

幸福感即满足儿童生存发展的需要，让儿童在积极乐观的环境中成长。幸福感包括生理需要的满足和情感态度上的支持，环境影响、儿童经验、教养者的培育三者和谐统一时，儿童将充满热情地面对生活，促进幸福感的产生。对于婴儿，生活上的照护十分重要，随着年龄增长，精神上的理解肯定则更为关键。

0~1岁的儿童是一个孱弱的个体，几乎不具备自我保护、照顾的能力，心理上极度依赖成人。教养者需要做好保育工作，注意在营养健康、休息睡眠、卫生护理上做好养护，保障儿童权利，及时满足需要，建立牢固的正向依恋关系，使儿童的生理、心理处于最佳状态。

1~2岁的儿童独立性提高，各项能力迅速发展，充满好奇心，渴望探索。教养者需要提供多样均衡的饮食促进身体发育，了解儿童的喜好，支持兴趣发展，在情绪上表现出关爱、耐心、冷静，教会儿童如何调节情绪。

2~3岁的儿童自主意识更强，渴望依靠自己的力量完成某件事情，社交意愿增强，希望认识同龄伙伴。教养者要尊重儿童的独立人格，让儿童感觉到被爱、被尊重、被重视，增强儿童的自信心。在生活中提供更多的选择，把决定权交给儿童，支持儿童自主活动，参与团体游戏，发展社交技能，学习本国文化，增强归属感和认同感。

（三）路径策略：充分发挥游戏和户外活动的价值

1. *游戏*

游戏是儿童的基本权利，他们热爱并渴望参与其中。游戏对于儿童来说不仅仅是娱乐，更是一种模拟现实的学习过程。在游戏中，儿童全神贯注，调动全身心要素完成任务，从而深度体验本体与外在的关系，促进自我意识的形塑。成功的游戏经历为儿童树立自信，赋予他们价值感和自我效能感；丰富的游戏材料帮助儿童认识世界，学会生活技能，培养良好习惯；游戏中的合作互动帮助儿童了解社会规则，提升人际交往能力。

在设计和指导游戏时，有以下几点需要注意。第一，游戏应具备吸引力，教师可通过提供多样化材料和创新玩法实现这一目标，但更需尊重儿童的选择和兴趣。儿童的投入程度，儿童是否在游戏中表现出好奇探索的欲望，儿童是否主动发现问题并尝试解决，儿童是否在游戏中发挥想象、联系现实生活，这些才是评价游戏效果的关键指标。第二，为儿童提供充足的直接体验至关重要，儿童只有真正参与到游戏之中才能发挥游戏的最大价值，尤其在0~3岁感官发展的关键期，应鼓励他们通过聆听、触摸、嗅探、品尝等方式探索世界，教师应在保障安全的前提下，避免过度干预，让儿童充分体验。第三，多给予儿童正向反馈，正向反馈给儿童带来积极的情绪感受，爱与认可赋予儿童自尊自信，进一步激发儿童的好奇心、探索欲，由此形成良性循环，推动儿童不断进步。第四，遵循儿童的学习规律是设计游戏的基础，儿童在游戏中经常重复某些动作如打翻东西，摔砸物品，儿童之所以重复，一方面是为了探索物体的物理性质如材质、颜色、延展性，另一方面则是探索空间结构上的关系如数量、排列顺序、运动轨迹等。游戏内容既要帮助儿童认识事物的具象属性，也要帮助儿童初步探索抽象的概念。

2. *户外活动*

户外活动对于建立儿童与自然界的连接有显著意义，树叶的脆响、水洼的涟漪等自然元素，为儿童提供了一个与世界互动、建立深层次联系的平台。相较于室内，户外环境更为开阔，为儿童提供了更为宽广的活动空间和更多样的探索机会。户外活动既包括无规则的自由活动，也包括有规则的动作训练或游戏。两者的根本目的相同，均着眼于平衡协调能力的锻炼，肢体动作的掌握，运动技能的发展，身体潜力的发掘。户外活动不仅有助于身体发育，还具备诸多附加价值。亲身体验帮助儿童学会评估不同风险等级的挑战，增强环境适应能力和自我调节能力。完成活动中的挑战有助于建立自信，发展合作能力与社交技能，增进勇气、毅力和开拓精神。

在组织户外活动时，有以下几点需要注意。第一，确保环境足够安全、自在、真实与舒适。教师需对环境中的不利因素进行风险评估，确保机构所属的运动器材、活动设施均通过质量检验，无毒无害，避免对儿童造成伤害。第二，坚持量力性原则，充分考虑儿童的个体差异，不同儿童的身体发育情况各异，因此，需提前调查每个儿童的身心发展现状、了解儿童的身心发展规律，特别是动作发展的关键期，不同儿童对于同一动作的掌握，时间上可能存在几个月的差距。应针对性地制定活动方案，注意看护能力相对较弱的儿童。第三，做好户外活动资源的开发，尽可能提供丰富的资源供儿童交流和学习，充分利用托幼机构周边和社区附近的户外环境，不局限于特定地域，加强多个区域之间的组合联系，形成合力效应。第四，教师在这一过程中应扮演好支持者的角色，提供物质和情感上的支持，包括探索道具的供应和精神上的鼓励。同时，教师应尊重并发挥儿童的主动性，在选择和操作中给予儿童更多的自主权。

（四）评价改进：基于观察结果进行评价与反思

威尔士托育课程体系对教育评价予以高度重视，其评价具有双重意义：一方面，通过评价深入了解儿童的发展状况，进而为儿童的成长提供更有针对性的支持；另一方面，评价有助于对托育教师的工作情况进行科学鉴定，进而推动其保教工作质量的不断提升。评价伴随着反思，反思之后着手课程的优化改进，由此构建了一套发现（Notice）—分析（Analyse）—反馈改进（Respond）的评价改进模式。这一模式并非以线性的方式简单展开，而是形成首尾相接的动态循环，持续贯穿于教育活动的整个过程，呈

现螺旋上升的态势。

1. 发现

发现即了解现实情况，搜集相关数据，以辨别表现的优异与不足之处。此步骤主要依赖观察法。观察是全方位、全天候的，在不同时间段，观察的焦点有所侧重。日常生活中，应重点了解儿童的好恶、兴趣，知道儿童能做什么，正在学习什么，在脑海中为每个儿童构建一幅独特的画像，反映出儿童当前所处的发展阶段，并确定其最近发展区。在活动与游戏中，应重点结合活动本身，观察儿童的参与程度、兴趣点、情绪状态、友谊的建立、技能的掌握以及能力的发展，从而全面把握儿童的进步与不足，为未来培养策略的制定提供合理依据。限于教养过程中的不确定性，可以采用简洁且易于管理的方式记录观察结果。

2. 分析

分析即对观察结果进行深入剖析，明确自身的优势和劣势所在并尝试提出改善的建议。在此过程中，需审慎考虑改进措施可能带来的影响。确立不同改进措施的优先级，以便明晰后续工作的重点，为制定计划打下坚实基础。分析过程并非仅凭教师的主观判断，应根据 ECPLC 中的量表进行对照分析。

具体而言，儿童的发展状况可比对课程内容中各发展路径的要求，前文已有介绍，此处不再赘述。教师的专业能力可依据 ECPLC 中的反思指南进行评定，包括儿童的照料与发展（Care and Development）、专业素养（Professional Learning and Support）、组织游戏和教学（Play and Learning）以及环境创设（Environments）四个方面。儿童的照料与发展是指教师能否做好儿童饮食、休息以及个人卫生的照护工作，并以身作则规范儿童的行为；专业素养是指教师是否具备教育学、心理学的相关知识，是否深刻理解儿童的身心发展规律，并关注自身的专业发展；组织游戏和教学是指教师能否利用游戏调动儿童的积极性，促进儿童成长，能否根据课堂反馈调整教学策略，优化教学效果；环境创设是指教师能否为儿童创造安全、舒适、自由且具有吸引力的环境，发挥环境的潜在教育价值。语言环境也是环境创设的重要一环，教师应注意自己的言谈举止，为儿童树立榜样。

3. 反馈改进

发现和分析两个步骤确立了优化改进的大致方向，接下来便是针对改进方向制定改进方案。ECPLC 对改进方案提出了五点要求，即：具体详细（Specific）、可测量（Measurable）、可行性高（Achievable）、实事求是（Realistic）、时间规划合理（Time-specific）。

为确保教师能更加全面周详地制定计划，使改进方案契合上述五点要求，ECPLC 要求教师从以下几个方面考量自己的改进措施：首先，明晰之前进行了哪些方面的尝试，从之前的尝试中吸取了哪些经验教训；其次，考虑教养儿童的核心关注点是什么，哪些既有措施应该继续坚持，哪些需要停止或加以优化；最后确保改进方案的操作步骤足够具体，制定指标衡量改进方案的实施结果。

三 威尔士托育课程体系的思考启示

（一）培育自信品质：铸就阳光积极的健康心灵

“自信心是一种心理状态和素质，是个体主观上对自己持有正确的评价和认知，即相信自己的能力、肯定自己的价值。”[①] 自信心的培养与儿童的健康成长息息相关。儿童作为发展中的个体，其各项能力尚处于初级阶段，日常教学中，教师的错误引导和反馈，很容易挫伤儿童的自信心和积极性，进而影响其心理健康，导致儿童变得保守、胆怯，更加依赖他人。相比之下，自信且阳光的儿童展现出更强的适应能力，能够以积极的态度面对生活，能更快地融入集体。[②] 培养自信心，有利于自我效能感的提升，激发儿童的内在驱动力、好奇心和探索欲，助力他们的学习和成长。

---

① 赵佩佩：《小组工作提升农村留守儿童自信心研究——以鄂州市 P 乡为例》，硕士学位论文，中南财经政法大学，2023。

② 王淑桂：《在一日活动中提升幼儿自信心》，《学园》2024 年第 6 期。

威尔士托育课程体系在培养目标上强调培养健康自信的人，注重独立意识的养成；课程内容上，强调儿童与教养者之间建立安全稳固的依恋关系，使儿童抱以乐观向上的态度认识和探索世界；路径策略上，支持儿童自主选择、自主行动，鼓励儿童勇敢面对挑战。由此可见，树立儿童的自信心贯穿了威尔士托育课程的始终。与之相比，我国当前的幼儿教育中存在许多损害儿童自信心的现象，如：家长的过度包办和溺爱，教师的否定式、打击式教育[①]，以及课程内容小学化倾向严重，过分重视知识技能传授而忽视儿童心性、意志的磨炼。这些问题警示我们应更加重视儿童自信心的培养，这不仅关乎儿童的心理健康，更深刻影响其未来的学习和生活。

（二）立足儿童视角：真正使教养活动以儿童发展为中心

“儿童视角（child perspective）是指作为成人的教育者在教育实践中主动自觉地从儿童的立场出发，设身处地地感儿童之所感。”[②]“用儿童的眼睛去观察，用儿童的耳朵去倾听，用儿童的大脑去思考，用儿童的兴趣去探寻，用儿童的情感去热爱，以儿童的心灵去理解儿童。”[③] 约翰·杜威（John Dewey）曾言：“成年人只有通过对儿童的兴趣不断地予以同情的观察，才能够进入儿童的生活里面，才能知道他要做什么。”[④] 儿童视角的引入将帮助教师更好地贯彻儿童中心的教育理念，让教师学会与儿童共情，换位思考，真心了解儿童的需要。

威尔士托育课程体系对儿童视角的运用尤为突出，强调儿童的主体地位。一方面，运用大量儿童口吻的语句进行表述，如用“我在这!”、“我在探索!”和“现在看看我!”三个短句概括各年龄阶段的差异，从“我需

① 丁灵婧：《生活化德育教育培养幼儿自信心》，《文理导航》（中旬）2023年第10期。

② 朱晋曦、郭力平：《“有儿童视角”的教师观察：理论基础与实践样态》，《北京教育学院学报》2024年第2期。

③ 周娟：《基于儿童视角下幼儿家庭教养环境的创设路径》，《教育科学论坛》2024年第11期。

④ 〔美〕约翰·杜威著，罗德红、杨小微编译《我的教育信条》，华东师范大学出版社，2015，第101页。

要”、“我正在学习”和“我因此得到发展”三个方面阐明各发展路径的特征。以儿童为第一视角的表述，使原本冰冷的文字充满生命力与亲和力，读者仿佛亲身在与儿童沟通，聆听儿童的真实心声。另一方面，课程建构始终围绕儿童的需要，以儿童的人格完善与幸福成长为根本目的，要求所有教育要素为儿童的成长服务。与之相比，现实中很多教师往往从自己的主观视角去理解和教养儿童，如给儿童贴标签，课程实施一味坚持忠实取向，不懂得根据儿童需要生成内容。两者的对比启示我们，教师需要更多地从儿童的角度出发，理解他们的兴趣、需求和想法，为儿童的成长提供有力支持。

（三）重视教学反思：实践反思助力课程优化

教学反思是指教师对已经发生或正在发生的教育活动有意识地反复思考，尝试发现问题，解决问题。[①] 教学反思不仅有助于教育质量的提升，而且有助于教师的专业发展，教师通过反思，将理论知识转化为专业能力，学会从更立体、复杂的角度深刻理解教育中的关键主题，增强专业自信，坚定专业信念。[②]

威尔士托育课程体系的评价改进模式，在观察评价的基础上倡导教师个人及团体，依据指南内容评价反思教养活动，通过量化标准、模块化操作等顶层设计，使反思流程变得条理有序、步骤清晰、循环递进，并将反思成果融入课程的优化改进，突出教学反思的作用。与之相比，我国教师的教学反思能力有待加强。虽然《幼儿园教师专业标准》规定，教师要“主动收集分析相关信息，不断进行反思，改进保教工作”[③]，但在实际情况中，教学反思面临诸多困境。客观层面，教学反思的理论匮乏，功利化的专业发展环境制约教师发展反思能力[④]；主观层面，受到固有教育思想

---

① 齐欣：《幼儿园教师教学反思能力现状与提升策略研究——以C市E区幼儿园为例》，硕士学位论文，长春师范大学，2023。

② 徐小妮编著《0~3岁儿童早期教育概论》，复旦大学出版社，2021，第141页。

③ 董慧：《提升幼儿教师教育反思力的实践研究》，《文理导航》（下旬）2024年第1期。

④ 韩璐、蔡文伯：《学习路径赋能幼儿教师教学反思：实践逻辑与促进策略》，《兵团教育学院学报》2024年第2期。

和模式的影响，教师反思意识相对薄弱，把教学反思变成直观的教学过程记录，对教学反思的投入时间有限，使教学反思浮于表面①，而且教师无法将反思成果转化至具体实践。针对这些困境对威尔士托育课程体系进行借鉴，我们应增强对教学反思的重视，学习其以观察、评价、改进为一体的反思模式，参照 ECPLC 的指南、量表配置科学工具。除此之外，教师应积极与其他同人沟通交流，组建反思研究小组。反思过后要及时反馈改进，做好理论与实践的结合。

（编辑：王艳芝）

The 0-3 Year Old Childcare Curriculum System in Welsh: Background, Content, and Implications

LI Chuangyu[1], *TIAN Baojun*[2]

(1. College of Home Economics, 2. College of Teacher Education, Hebei Normal University, Shijiazhuang, Hebei 050024)

Abstract: The childcare curriculum in Wales is a well-structured, scientifically grounded program designed to promote the holistic development. Focused on preparing children for future life, the curriculum outlines five key developmental pathways for children aged 0 - 3: sense of belonging, communication, exploration, physical development, and well-being. Through a child-centered approach, it emphasizes playing and outdoor activities as core methods to support both the physical and mental development of pre-school children, fostering their healthy growth. To ensure continuous quality

① 王代菲：《乡村幼儿园教师反思能力提升策略研究——以 A 幼儿园为例》，硕士学位论文，贵州师范大学，2023。

improvement, the curriculum incorporates an observation-led evaluation model, where teachers assess children's development and reflect on their teaching effectiveness using guidance scales. This reflective process drives the optimization of childcare practices. The Welsh curriculum system offers valuable insights for childcare development in China, emphasizing the importance of nurturing children's self-confidence, independence, and bravery, while maintaining a child-centered approach in curriculum design. Additionally, the use of structured teaching reflections can help translate reflective insights into practical improvements.

Keywords: Wales; Childcare Curriculum; Early Education

英国代际托儿所：托育与养老结合的经验启示

魏思成[1]　梁悦元[2]

（1. 深圳市宝安区福永中心幼儿园，广东深圳 518103
2. 深圳市龙华区行知小学附属锦绣江南幼儿园，广东深圳 518110）

摘　要：英国第一家代际托儿所 Apples and Honey Nightingale 的成功经验表明，代际托儿所关于托育与养老结合的创新服务模式对幼儿、老年人及社区还有社会发展都有着不可估量的作用。该模式以代际关怀为理念基础，为幼儿和老年人提供了独特的互惠互利机会，通过跨代互动和社交融合使二者共同获益。英国代际托儿所的实践案例从服务质量、文化传承、代际隔阂、社会发展等方面为我国托育和养老事业的服务模式提供了一定的经验启示。后期可以从专业化、多元化、国际化等层面进一步考虑我国托育养老服务模式的发展策略。

关键词：代际托儿所；托育；养老

作者简介：魏思成，深圳市宝安区福永中心幼儿园教研员，主要研究方向为幼儿教育与教学、托育课程理念与实践。梁悦元，深圳市龙华区行知小学附属锦绣江南幼儿园教研员，主要研究方向为幼儿教育与教学、托育服务体系建设。

英国代际托儿所是一种创新服务模式，将托育和养老相结合，为幼儿和老年人提供了一个共同生活与互动的环境，促使两个不同年龄段的人通过交流互动共同获益。幼儿和老年人在同一场所互动，这种形式不仅有助于幼儿认知和社交能力的培养，同时也能给老年人带来精神慰藉和参与感。老年人通过与幼儿互动，重新感受到童年的快乐，与此同时将自身已有的生活经验和智慧传承给幼儿。代际托儿所的设计十分注重创造一个友好和温馨的环境，通常会设计各种各样的活动和设施，以便幼儿和老年人共同参与。幼儿可以通过和老年人一起玩要、阅读故事书、制作手工艺品等活动，与他们建立亲密的关系。而老年人则可以通过和幼儿的互动，重新体验生活的活力和快乐。代际托儿所的好处不仅体现在个体层面，对整个社会也产生了积极的影响。它能够减少家庭照料幼儿的压力，让年轻的父母更好地平衡工作和家庭。同时，它能够提供给老年人社交机会，减少他们的孤独感和抑郁症状。此外，它还能促进跨代之间的交流和理解，增强社会的凝聚力，促进社会和谐。

当前，英国的代际托儿所发展水平和规模在国际上较为突出和领先，尤其是英国第一家代际托儿所的创办成效显著，影响深远。我们将通过英国第一家代际托儿所 Apples and Honey Nightingale 的实践案例，了解代际托儿所兴起的理念基础、运作机制、影响作用以及特点优势，以期为我国托育和养老事业的发展提供一些经验和启示。

一 理念基础："代际关怀"——代际的连接

（一）"代际关怀"是当前社会形态下的重要议题

"代际关怀"这一概念起源于社会学和心理学领域，它强调不同年龄群体之间的相互理解、支持和依赖。它最早出现在20世纪60年代的美国，主要受社会结构变革和家庭结构变化的推动。这一时期，美国社会出现了两个重要的变化：第一，人口结构发生了变化，人们的平均寿命延长，出现了更多的老年人口；第二，家庭结构发生了变化，传统的核心家庭趋于减少，出现了更多的单身、离异和再婚家庭。这些变化使得代际关系变得更加复杂和多样化，需要更多的关注和关怀。在这样的背景下，越来越多的学者开始关注不同年龄群体之间的相互关系，并提出了"代际关怀"的概念。他们认为，代际关怀是一种跨越不同年龄群体的情感联系和社会互动，它可以促进社会和谐和个体的健康发展。随着时间的推移，代际关怀的概念逐渐扩展和深化，涉及更广泛的领域，如教育、医疗、社会福利等。现在，代际关怀已经成为一个重要的社会议题，在全球范围内得到了

广泛关注和重视。

（二）“代际关怀”实践效果显著

资料显示，1976 年，Shimada Masaharu 在东京合并了一家托儿所和一家养老院，该举措直接促使日本和美国开设了更多的代际护理设施。① 另外，2019~2022 年英国进行了一项很大的代际关怀项目，让超过 6000 名来自学校和青年团体的青少年与养老院的老年人参与其中，互相分享各自的经验和生活。该项目表明这样的代际关怀可以培养两代人之间的理解、友谊和尊重，在挑战年龄歧视的态度和偏见的同时建立更强大、更有凝聚力的社区，提升参与者的自尊和幸福感。在这一过程中还能够帮助年轻人和老年人培养新的技能和信心，激发积极生活的动力，促使社区发生改变，更加和谐稳定。“孩子们现在开始以不同的方式看待老年人。他们看到了如何向老年人学习。”②

（三）“代际关怀”符合时代发展理念

尽管我国较少提及“代际关怀”这一理念，但其实我国常说的“老少同乐”早已蕴含了“代际关怀”理念的内涵。2013 年，我国在《关于进一步加强老年人优待工作的意见》中强调“统筹不同年龄群体的利益诉求，促进代际共融与社会和谐”③。当前，代际关怀方案虽然在国外养老护理服务中已发展成熟且应用广泛，但在我国尚处于起步阶段，尚无规范化的照护方案。④ 此外，我国学者汪露露、梁咏琪等人对社区老年人参与代际关怀活动意愿进行调查后发现，社区老年人参与社会代际关怀活动意愿较强。⑤ 他们对新型社会下的代际关怀养老模式进行了实践探究，将其总

① https：//www. daynurseries. co. uk/advice/benefits-of-intergenerational-nursery-activities.

② https：//applesandhoneynightingale. com/wp-content/uploads/2021/07/Building-relationships-between-the-generations. pdf.

③ http：//www. moe. gov. cn/jyb_xxgk/moe_1777/moe_1779/201401/t20140107_161985. html.

④ 李青云、徐桂华：《代际关怀活动在养老机构老年人中的应用研究进展》，《护理研究》2021 年第 17 期。

⑤ 汪露露、梁咏琪、徒文静等：《社区老年人参与社会代际关怀活动意愿及影响因素分析》，《护理研究》2022 年第 24 期。

结为老幼互助、老幼互动、老幼整合三种类型，并呼吁应基于国情设计本土化的代际关怀养老模式。①

因此，基于代际关怀理念探索我国托育和养老事业创新模式显得尤为重要。

二 实践案例：英国第一家代际托儿所——Apples and Honey Nightingale

社会科学家也将“代沟”称为“制度年龄隔离”，在年龄隔离越发明显的社会背景下，英国开始重视建立“代际关系”。“全人类团结”智库主任斯蒂芬·伯克（Stephen Burke）曾说：“英国是世界上年龄隔离最严重的国家之一。”当时英国14.8%的85岁以上老人住在养老院，他们可能面临抑郁、孤立和孤独等重大挑战。所以，在“代际关怀”理念的指引下，英国通过创建代际托儿所对该理念进行了实践探索。通过统计数据、案例分析、媒体报道和社会影响等多方面的展示可以看出，英国代际托儿所实践取得了较好的成果。而作为英国第一家代际托儿所——Apples and Honey Nightingale 更是有着不可或缺的重要作用。这一实践案例，对后续代际托儿所的发展产生了深远的影响。以 Apples and Honey Nightingale 为例，能够进一步明晰代际托儿所的运作机制和作用。

（一）Apples and Honey Nightingale 概况

英国第一家代际托儿所 Apples and Honey Nightingale 成立于2017年，这是一个集托儿所和护理院于一体的疗养机构。托儿所设在老年日间护理中心内部，与其共享空间和设施。② 该托儿所由英国 Apples and Honey 托儿

① 汪露露、梁咏琪、徒文静等：《健康老龄化背景下社会代际关怀养老模式研究实践及启示》，《医学与社会》2023年第1期。

② https：//european-social-fund-plus. ec. europa. eu/en/social-innovation-match/case-study/apples-and-honey-nightingale.

所集团和养老机构 Nightingale Hammerson 合作建立。这两个组织本身就有着悠久的社区参与传统。Nightingale Hammerson 是英国最大的养老机构之一，拥有为社区提供持续服务的悠久历史，在应对临终关怀的复杂挑战时，在创新和解决问题方面有着成熟的记录。虽然相比之下 Apples and Honey 托儿所集团没有那么长的历史，但其也一直是托育领域的领先者。①

（二）Apples and Honey Nightingale 的代际活动方案

Apples and Honey 托儿所集团和 Nightingale Hammerson 养老机构的项目手册中均详细展示了这家代际托儿所开展的系列代际活动。其中，托儿所方面将英国早期发展指导纲要（EYFS）的七大关键嵌入实际育儿计划中。表 1 是该机构实际育儿计划方案的一部分②，它展示了跨代学习在七个关键领域的嵌入程度。

表 1　Apples and Honey Nightingale 的代际育儿计划方案（部分）

EYFS 七大关键学习领域	星期一	星期……	星期五
个人、社会和健康教育发展	轮流分享	……	代际联系：拜访阿尔茨海默病疗养机构——了解年龄与疲劳有关（可能会看到睡着的人）
身体发育	健康和安全 焦点会议：用装有水和肥皂的碗讨论细菌问题	……	障碍训练场
沟通和语言	关键工作群体——树的各个部分	……	趣味填词

① https：//applesandhoneynightingale. com/wp-content/uploads/2021/07/Building-relationships-between-the-generations. pdf.

② https：//applesandhoneynightingale. com/wp-content/uploads/2021/07/The-Intergenerational-Programme-at-Nightingale-House. pdf.

续表

EYFS 七大关键学习领域	星期一	星期……	星期五
读写能力	小组 1：对树的生命周期进行排序 小组 2：翻译韵文“Humpty Dumpty”	……	和沃尔斯托里的居民一起唱歌 听故事：《罗西的旅行》
表达艺术与设计	小组 1：纸糊树 小组 2：画一棵室外的树	……	制作黑白画
对世界的理解	参与 OSHA 居民举行的“哈维达拉”仪式	……	翻阅英国地图
数学	使用手、脚和单倍立方体重新测量植物	……	两人一组进行数学游戏

另外，养老院方面也构建了较为全面的代际活动计划，详见表 2。

表 2　养老院方面制定的老年人代际活动计划

<table>
<tr><th>星期一</th><th>星期二</th><th>星期三</th><th>星期四</th><th>星期五</th></tr>
<tr><td>10：00—11：30
幼儿组：大休息室</td><td rowspan="3">14：00—14：45
阅读《职业道德规范》</td><td>11：00—12：00
第一组：桑普森戏剧疗法（由外部专业团队负责）</td><td>10：00—11：00
健身课程</td><td rowspan="3">11：00—12：00
附带红酒的安息日仪式（代际托儿所每个周五都会提前关门）</td></tr>
<tr><td>11：15—12：00
告别和迎接仪式</td><td>14：00—15：00
第二组：桑普森戏剧疗法（由外部专业团队负责）</td><td>11：00—11：45
谢尔曼运动</td></tr>
<tr><td>14：00
活动中心：开放活动</td><td>活动中心：烘焙（每月一次）</td><td>14：00—15：00
桑普森数学课</td></tr>
</table>

从表 1 可以看出，代际幼儿园仍按照幼儿园常规教学组织形式为幼儿设置一日活动，但会将老年人这一群体纳入其中，从不同层面组织系列活动，如幼儿与老年人共同参与当地的仪式，让幼儿丰富对世界的了解；组织幼儿参观拜访阿尔茨海默病疗养机构，帮助幼儿感知年龄、疲劳、衰老，促进幼儿个人社会化情感的发展。而养老院方面则是组织老年人们在托儿所内的不同场所进行活动，并通过开放活动让老年人和幼儿近距离接触。

两个机构的结合，将幼儿和老年人置于同一个场所中，从多重层次进行代际活动的方案设计和评估，使得该托儿所的幼儿和老年居民都有所受益。

（三）代际活动的影响

通过观察代际活动的开展情况及反馈后，Apples and Honey Nightingale 在其研究总结报告中分别阐述了项目对老年群体和幼儿的影响（见图 1、图 2）。[①]

总而言之，Apples and Honey Nightingale 作为英国第一家代际托儿所，通过创新的模式和活动，成功地打破了幼儿和老年人之间的隔阂，促进了两代人的互动和交流。这一模式的成功给中国的托育与养老事业也提供了有益的启示。

（四）Apples and Honey Nightingale 后英国代际托儿所高质量发展

Apples and Honey Nightingale 成立后，受到了英国及国际的重视和关注，英国政府也加大支持力度，越来越多的代际托儿所在英国各地开设。

位于英格兰的 Intergenerational Linking Network（ILN）在全国范围内建立了一系列的代际托儿所。这些托儿所可以满足不同地区家庭的需求，并

① https://applesandhoneynightingale.com/wp-content/uploads/2021/07/The-Intergenerational-Programme-at-Nightingale-House.pdf.

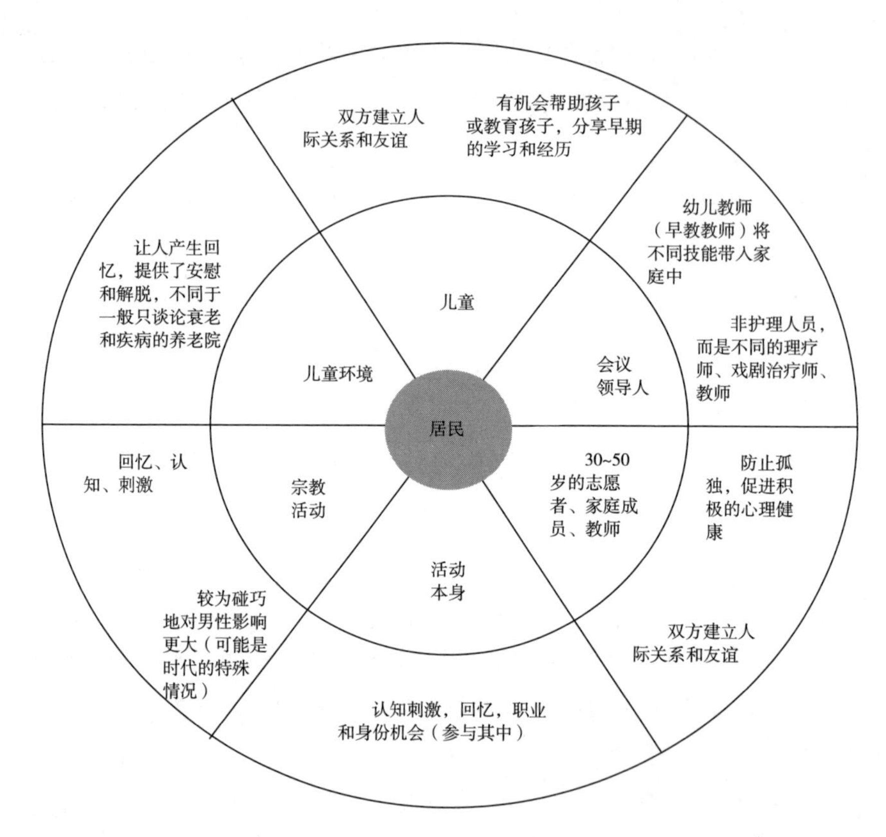

图1　代际活动对养老院居民的影响

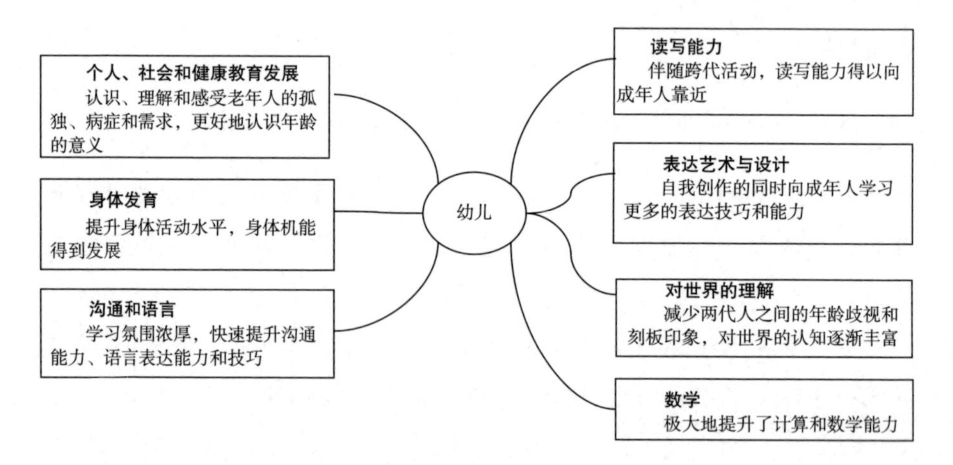

图2　代际活动对幼儿的影响

在社区中形成良好的代际联系。同时，随着规模的扩大，代际托儿所已经逐渐发展为专业机构，专业化使得代际托儿所能够满足不同年龄段孩子和老年人的需求。

另外，英国政府认识到代际托儿所对社区的重要性，为其提供了一定的资金和支持。政府积极参与其中，通过制定政策和法律来确保托儿所的质量和安全。例如，政府发布指导方针，确保代际托儿所符合儿童福利和老年护理的标准，并为托儿所提供相关的培训和资源支持。

与此同时，英国后期的代际托儿所不仅提供基本的幼儿照顾和老年护理服务，还为两个世代群体提供各种教育、社交和娱乐项目。例如，一些托儿所开设音乐课程，让老年人和幼儿共同参与音乐表演；另一些托儿所组织手工艺活动，鼓励两代人一起创作艺术品。托儿所还会提供户外活动，带领孩子和老年人一同参加野餐、郊游和游乐园等活动，增强代际互动和交流。

总的来说，英国的代际托儿所获得了长足的发展和壮大。通过扩大规模、专业化、政府支持和增加服务内容，这些托儿所成为社区中不可或缺的一部分。它们为老年人和幼儿提供贴心的照顾和教育，并促进代际互动和交流。政府的支持和专业化发展有助于提高代际托儿所的质量和服务水平，从而更好地满足社区的需求（见图 3）。

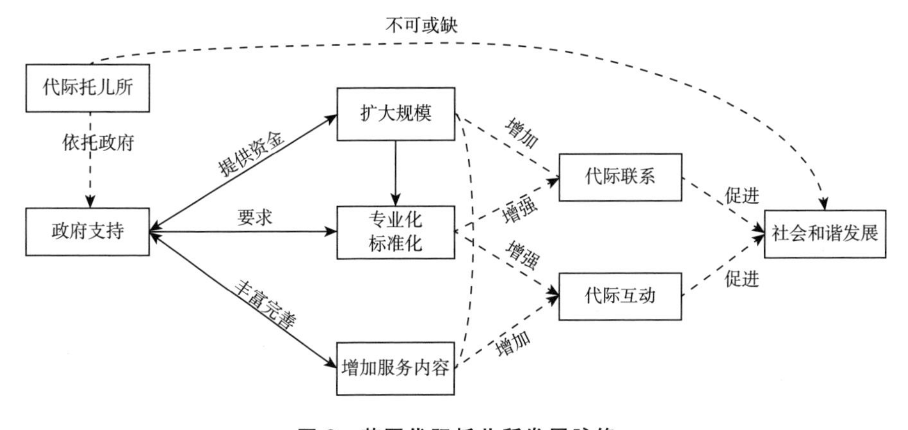

图 3 英国代际托儿所发展脉络

三　独特价值：托育与养老的结合优势

（一）代际托儿所的特点

英国代际托儿所的特点在于将跨代交流、教育机会和社区三个方面进行有机结合[①]，创造了一个跨越年龄和经验的互动平台，促进了彼此之间的理解、学习和支持。这种模式的出现使得社区成为一个有温度、有活力且相互关爱的地方。

1. 跨代融合

代际托儿所创造了一个跨越不同年龄群体的交流平台，将幼儿和老年人联系在一起。这种融合性体现在他们共同参与各种活动、互相分享经验和知识的过程中。年长者给予幼儿关爱和指导，帮助幼儿成长，并传承自己的智慧和价值观。同时，幼儿也能够带给老年人朝气和活力，促进他们保持积极的心态和身心健康。

2. 教育机会融合

代际托儿所提供了一种独特的教育模式，使孩子们能够从老年人的丰富生活经验和知识中受益。老年人可以分享他们的故事、技能和价值观，为孩子们提供更丰富的教育机会。这种融合性不仅有助于孩子们的智力发展和学习，也增强了老年人的自尊心和价值感。通过这种互相教育的循环，世代之间形成了一个互相学习和成长的社区。

3. 社区融合

代际托儿所不仅是一个代际交流的平台，同时也促进了社区内不同年龄群体之间的融合。幼儿及其家长与托儿所里的老年人建立紧密联系，形成了一个具有凝聚力的社区。这种融合性有助于打破年龄隔离，促进社区内成员之间的相互理解、帮助和支持。代际托儿所成为一个社区中心，促

① https：//applesandhoneynightingale. com/wp-content/uploads/2021/07/Building-relationships-between-the-generations. pdf.

进社交互动和社区凝聚力的提升。

（二）代际托儿所的独特价值

1. 老年居民

（1）转变角色

参与代际活动使老年居民从被照顾的角色中解脱出来，他们不再认为自己是需要帮助的弱者。相反，他们在托儿所中扮演起指导者和支持者的角色，成为孩子们仰慕和尊重的长辈。这种转变可以提升老年居民的自尊心和自信心，减轻他们感受到的痛苦和忧虑。

（2）拓展社交

参与代际活动能够防止老年居民陷入社交孤立和抑郁状态。在代际托儿所中，老年居民与年青一代建立了深厚的友谊和亲密的关系。他们可以在活动中交流、合作和分享经验，增强彼此之间的联系，并提高幸福感和生活满意度。

（3）刺激认知

代际托儿所为老年居民提供了直接学习和参与活动的机会，从而给予他们主动刺激。他们可以参与各种活动，例如读书、绘画、手工艺制作等，这些活动可以提升他们的注意力、记忆力和思维能力。此外，通过观察幼儿的行为和发展，老年居民也能够得到被动的认知刺激，提升大脑的活跃度。

（4）分享经验

参与代际活动可以引起老年居民的回忆，让他们重温童年经历。这种回忆不仅可以增加老年居民的愉悦感和满足感，还可以帮助他们与年青一代之间建立更紧密的情感纽带。老年居民可以分享自己的经验和智慧，为幼儿提供指导和支持，同时也获得了被倾听和尊重的机会。

（5）增强身体活动能力

代际活动还能够增强老年居民的身体活动能力。通过与活力四射的孩子们一起玩耍、运动和参与户外活动，老年居民可以锻炼协调能力、平衡能力和提升力量水平。这对于预防老年居民的肌肉萎缩、骨质疏松和常见的老年疾病具有积极的影响。

总之，通过参与代际托儿所的活动，老年居民不仅获得了角色转变和社交互动的机会，还得到了认知刺激、回忆分享和身体活动能力增强等多重价值。这种代际交流对于促进、提升老年居民的身心健康和幸福感具有重要意义。

2. 幼儿

（1）形成积极的榜样互动和发展关系

在代际托儿所中，幼儿与老年居民进行互动，并观察和学习老年人的行为和表达方式。老年人通常表现出温和、耐心和关爱的品质，这对幼儿的情感和社交发展具有积极影响。幼儿从老年人身上看到了积极的榜样，有助于培养他们建立亲密和支持性关系的能力。

（2）提升语言能力，增加体力活动

在代际托儿所中，幼儿与年长者进行交流，促进了他们的语言发展。老年人用简单而清晰的语言与幼儿沟通，通过对话和互动，幼儿能够学习新的词汇和语言技巧。此外，代际活动还包括一些体力活动，如一起散步、跑跳等，这有助于增强幼儿的身体素质和协调能力。

（3）培养责任感和自信心

通过与老年人互动，幼儿学会了关心和照顾他人，也能增加对老年居民的同情和尊重，他们在活动中展示出善良、友好和帮助他人的行为。孩子们在与老人互动的同时，也承担起了照顾老年人的责任，这种责任感的培养对幼儿的道德发展和社交能力成长有着深远的影响。同时，当幼儿的行为受到年长者的赞扬和肯定时，他们也会获得更多的自信心。

（4）了解生命周期发展

通过与老年居民的互动，幼儿可以见证和体验到不同年龄段人们的特点和变化。他们可以与年长者一起分享日常生活、故事和经验，从而了解到人的成长和发展是一个持续的过程。这样的体验有助于幼儿构建对时间的概念，并能够认识到自己和他人都会经历不同的阶段。此外，通过与年长者交流，幼儿还可以了解到过去的历史和文化。年长者拥有丰富的人生经历，他们可以与幼儿分享有关过去时代的故事、传统和价值观，从而扩展幼儿的视野和知识。

幼儿参与代际活动使他们从老年人身上看到了积极的榜样，改善了语言发展，增加了体力活动，培养了责任感和自信心，并有助于他们了解生命周期发展。这些价值对于幼儿的综合发展、社交技能提升和情感智力成长有着深远的影响。

3. 社区

通过开展代际活动，英国代际托儿所在社区发展方面取得了显著效果。首先，代际活动的实施伴随着可持续的伙伴关系的建立。这些活动促进不同年龄段居民之间新友谊的形成，增加了老年居民和幼儿之间的彼此包容。同时，代际活动也打破了年龄壁垒，减少了陈规定型观念和年龄歧视现象的存在。此外，代际活动消除了对养老院和阿尔茨海默病等健康问题的误解。通过代际交流和互动，社区成员更加了解老年居民的需求和优点，建立起世代之间的信任关系。这种信任可以促进不同群体之间的协同作用，更好地利用资源，共同解决社区中的问题。最后，代际活动为老年居民和幼儿提供了共同生活和相互扶持的机会。这种相互学习和支持的环境有助于促进社区的整体健康和幸福。总之，英国代际托儿所的实施为社区带来了独特的价值，通过建立友谊、打破壁垒、减少歧视、消除误解、建立信任和促进共同学习，实现了社区成员间更加和谐的生活。[①]

四　经验启示：精专业、重传承、破隔阂、促发展

英国代际托儿所是一种创新的模式，其成功经验为我国应对“少子老龄”趋势提供了深刻的启示。从专业性、文化传承、代际关系以及政策支持等多个方面，我们可以汲取其经验，推动我国的托育与养老事业向更高

① https：//www. applesandhoneynightingale. com/intergenerational/.

水平发展。

（一）重视服务质量，培养专业团队和提供优质服务

英国代际托儿所的成功，首先体现在其高度专业化的服务质量和团队素养上。他们不仅为幼儿提供安全、健康、富有教育意义的成长环境，也为老年人提供全方位的照料和关怀。他们不仅在设施设备上投入大量资源，确保环境的安全、舒适和富有教育意义，更在人员培训上下了大功夫，确保每一个工作人员都具备专业的知识和技能，从而能够为服务对象提供优质的服务。这种服务的全面性和细致性，满足了不同世代群体的多样化需求。

对比之下，我国托育养老行业近年来虽然得到了快速发展，但仍然存在专业水平参差不齐、服务质量有待提升等问题，现有的托育和养老服务往往零散且单一，无法满足综合性需求。对于我国而言，应加强对托育与养老服务领域的专业培训，提高从业人员的专业素养，确保服务的高质量和专业性。同时，应建立健全的服务标准和监管机制，确保服务质量和安全。通过借鉴英国代际托儿所的模式，我国可建立综合的托育和养老机构，为幼儿和老年人提供综合服务，并根据个体需求量身定制，满足多元化的需求。

（二）弘扬传统文化，促进代际交流和理解

英国代际托儿所不仅关注幼儿的照护和教育，还注重传统文化的传承。代际托儿所通过举办各种文化活动和教育课程，促进了不同世代群体的交流和互动。这种文化的传承和交流，不仅加深了彼此之间的理解和认同，也促进了社会关系的和谐。

在现代社会的快速发展中，我国传统文化的传承和弘扬面临着诸多挑战。借鉴英国代际托儿所的经验，将中华优秀传统文化融入托育和养老服务中，通过举办文化活动、开设传统文化课程等方式，让幼儿和老年人共同学习、体验和传承传统文化更为重要。这不仅有助于增进代际情感联系，还有助于培养幼儿对传统文化的兴趣和热爱，为

传统文化的传承和弘扬注入新的活力。尤其是我国拥有悠久的历史和丰富的文化遗产，应当充分利用这一优势，在托育与养老机构中融入中国传统文化元素，通过举办各类文化活动、开设传统文化课程等方式，激发幼儿对传统文化的兴趣和热爱，促进传统文化的传承和弘扬。借鉴这种模式，代际托儿所将成为中华传统文化传承和弘扬的重要场所。

（三）打破代际隔阂，建立相互支持和合作的社会网络

英国代际托儿所通过让老年人与幼儿在同一环境中接受照顾，打破了传统意义上的年龄隔阂。通过为不同世代群体提供共同活动的平台，打破了代际隔阂。这种代际互动和交流促使幼儿和老年人之间的互动和交流得以增加，相互之间的理解得以加深。这种代际互动不仅有助于增进彼此之间的了解和信任，也促进了社会关系的和谐稳定，构建了一个相互支持和合作的社会网络。

随着老龄化程度的加深和少子化趋势的加剧，我国老年人口众多，幼儿照顾压力逐渐增大。当前，老年人和幼儿之间的交流和互动显得尤为重要。我国有着庞大的老年人口，通过引入代际托育和养老机构，可以促进老年人和幼儿之间的交流和互动，纾解老年人的孤独和对幼儿的照顾压力。同时，这也有助于增强社区凝聚力，促进社会团结和谐发展。借鉴这个经验，通过设立代际托儿所和其他类似的机构，可以实现不同世代群体之间的交流和合作，打破代际隔阂，促进社会关系的融洽和谐。

（四）加强政策支持，扩大代际托儿所规模

英国政府制定并实施了相关政策和支持措施，以促进代际托儿所的发展。政府提供经费和监管，确保代际托儿所的质量和安全性，并制定了一系列的标准和指导方针。中国政府可以借鉴英国经验，加大政策支持力度，为代际托育与养老机构提供经费和监管，同时建立行业标准和规范，确保照顾服务的质量和安全。

英国代际托儿所关于托育与养老结合的经验，对我国托育与养老模式的创新具有重要的启示。代际托儿所可以满足不同世代群体的需求，通过促进代际互动和社区凝聚力，提供综合服务和多元需求匹配。中国可以借鉴英国的经验，建立更加完善和综合的托育与养老机构，满足老年人和幼儿的照顾需求，促进代际互动和交流，传承和弘扬传统文化，构建和谐社会关系，推进社会健康和谐发展。

五 发展策略

中国托育与养老事业正面临着日益严峻的挑战，如老龄人口快速增加、照顾压力加大等。在英国代际托儿所的经验启示下，本文从以下几点对后续发展策略提出建议，仅供参考。

（一）建立多元化、定制化的服务体系

代际托儿所最大的特色就在于幼儿群体和老年人群体的交流融合，托育与养老的结合同时作用于多个社会主体。基于此，未来托育与养老服务模式的发展方向可以从融合、互惠的角度建设。积极推动建立多元化的托育与养老机构，包括但不限于融合型代际托儿所、专业儿童照护中心、社区嵌入式养老服务机构等，以满足不同家庭和个人对托育与养老的多样化需求。

另外，在服务体系建设中，强调个性化与定制化。在托育、养老服务体系建设过程中，最重要的是应该根据个体需求进行量身定制，满足不同年龄段幼儿和老年人的需求。通过深入了解老年人和幼儿的具体需求、生活习惯、健康状况等因素，为他们量身定制服务方案。这样一来，托育与养老机构可以提供全方位的服务，减轻家庭的照顾压力，提高老年人和幼儿的生活质量。

（二）加强托育与养老服务的专业化和标准化

政府应加快制定和完善托育与养老服务相关的法律法规，明确行业准

入门槛、服务标准、监管要求等，为行业发展提供法律保障。包括详尽的服务标准和操作规范，覆盖从日常照护、健康管理、营养膳食到心理支持等各个环节。确保每项服务都有明确的操作流程和质量标准，以减少服务过程中的不确定性，提高服务的规范性和一致性。

同时，建立科学的评估体系，定期对托育与养老机构进行质量评估和认证，确保服务质量和安全。此外，开展相关培训和认证，提高从业人员的素质和技能水平。通过这些举措，可以确保托育与养老服务的专业化水平，并为家长和家庭提供可靠的选择。

（三）加强国际化交流与合作

一方面，积极学习借鉴国际先进国家在托育与养老服务方面的经验和做法，包括服务模式、管理理念、技术创新等方面。同时，也要积极推广中国在托育与养老服务领域的成功经验和创新做法。通过国际交流平台展示中国托育与养老服务的特色和优势，提升中国服务品牌的国际影响力。

另一方面，建立托育养老研究方向的国际交流合作平台，通过与国际组织、跨国公司等开展合作，引进先进技术和管理经验，与国际伙伴共同开展托育与养老服务领域的合作项目，推动行业创新发展。通过国际合作项目，加强与国际社会的交流与沟通，不断提升我国托育与养老服务的水平，共同应对老龄化和托育压力等全球性挑战。

（四）加大政府的支持和投入

政府的支持和投入是托育与养老事业发展的重要保障。政府应该加大对托育与养老机构的经费投入，提供财政支持。同时，还可以制定相关政策，为托育与养老机构提供税收优惠和其他激励措施，吸引更多的社会资本参与。政府还可以成立专门的机构，负责监督和管理托育与养老行业，保障服务质量和安全。

小　结

代际托儿所的模式不仅可以改善老年人和幼儿的生活质量，还可以促进社会的稳定和谐发展。同时，托育与养老产业的兴起也将为国家经济的发展提供新的增长点和就业机会。因此，政府部门和社会各界应共同努力，加强托育与养老事业的发展，为老年人和幼儿创造更好的生活环境。相信在不久的将来，我国的托育与养老事业将走进新的发展阶段！

（编辑：高艳红）

Intergenerational Nursery in the UK: Lessons and Implications for Combining Childcare and Elderly Care

WEI Sicheng[1], *LIANG Yueyuan*[2]

(1. Fuyong Central Kindergarten, Bao'an District, Shenzhen, Guangdong 518100, China; 2. Jinxiu Jiangnan Kindergarten affiliated to Xingzhi Primary School, Longhua District, Shenzhen,) Guangdong 518110, China)

Abstract: The pioneering success of Apples and Honey Nightingale, the first intergenerational nursery in the UK, highlights the profound impact of combining childcare and elderly care within a single service model. This innovative approach fosters positive outcomes for children, the elderly, and the broader community, promoting mutual benefits across generations, and contributing to social development through intergenerational interaction and social integration. By analyzing practical case studies from the UK, we derive valuable insights and implications for China's childcare and elderly care service modes, particularly in areas of service quality enhancement, cultural heritage preservation, bridging intergenerational gaps, and fostering social development. The research concludes by proposing future development strategies for China's elderly care service model, emphasizing the need for specialization, diversification, and internationalization. These findings offer a roadmap for policymakers and care providers to innovate and improve care services, potentially transforming the landscape of both childcare and elderly care in China.

Keywords: Intergenerational Nursery; Childcare; Elderly Care

我国家政进社区内涵及其意义的再认识*

——基于日本"社区共融社会"建设的思考

张硕秋　赵　媛

（南京师范大学金陵女子学院，江苏南京 210097）

摘　要：2022年国家发改委出台了《关于推动家政进社区的指导意见》，引导家政服务业充分融入社区生态体系，提升家政服务可及性，促进家政服务业提质扩容。日本经历了长时间的养老实践探索，提出建设"社区共融社会"制度，这为我国推进家政进社区建设提供了启示。本文分析了日本"社区共融社会"制度的特点与做法，得出以下启示：家政进社区应坚持全生命周期理念，同时关注推动培训就业，并立足于社区本身。结合这些启示，探讨家庭、社区和企业各自在家政进社区中的位置与作用，构建家政进社区"生态系统"，更加深入地理解我国家政进社区的内涵，并从供需两侧双向奔赴，家政服务与社区深度绑定，百姓安家、社区稳定纽带三个方面阐述其意义，以期提高认识，更好地推动家政进社区。

关键词：家政进社区；社区共融社会；日本；社区生态系统

作者简介：张硕秋，南京师范大学家政学硕士研究生，主要研究领域为家政教育与家庭教育；赵媛，南京师范大学教授，博士生导师，主要研究领域为家政服务业发展与家政教育。

世界范围内的少子化、人口老龄化趋势不断蔓延，波及众多发达国家和发展中国家，其所带来的潜在影响对社会经济发展与公共服务体系带来了严峻挑战。人口老龄化日益加剧的当代中国社会，面临着复杂艰巨的任

---

* 本文为江苏省妇女学研究会 2023~2024 年度重点项目"新时代拓展家庭服务与家政提质扩容路径研究"（项目号：24FYA02）成果。

务与挑战。[①] 第七次人口普查数据显示，我国 60 岁及以上人口占比达到 18.70%，65 岁及以上人口占比达到 13.50%，老龄人口规模庞大，基本公共养老服务压力急剧增加。[②] 居家养老是我国目前最主要的养老模式，但由于居家养老满足不了老人康复、医疗的需求，家庭结构的不稳定对居家养老也产生很大影响，因此，居家养老不能局限在家里，更要扩展到社区中。[③] 2006 年，民政部等部门联合发布了《关于加快发展养老服务业的意见》，要求“逐步建立和完善以居家养老为基础、社区服务为依托、机构养老为补充的服务体系”。虽然目前我国社区的居家养老服务中心或日间照料中心等已基本实现全覆盖，但还存在运营主体多样化、运营模式单一等问题，以养老机构、物业公司、社会组织为运营主体的社区居家养老服务中心普遍存在人员不足、专业性不强等问题。而随着我国生育政策的调整以及新时代社会主要矛盾的变化，目前仅仅关注养老已经无法满足社区居民的多样化需求。数据显示，全国有 68.4%的 3 岁及以下婴幼儿家庭有入托需求，尤其期待普惠、就近的托育服务，且对优质托育的需求远高于基本的照料服务。[④] 家庭对托育服务的需求，是一个紧急、刚性的重大民生需求。因此，社区的养老、托育以及家庭生活各方面的多样化需求，都需要家政服务向社区延伸。家政进社区是家政服务最接近基层社区、触及普通公众的基础性服务，其供给、生产与递送的过程，服务水平、服务质量与服务有效性直接关系到社区家庭的生活幸福感。2022 年国家发改委出台了《关于推动家政进社区的指导意见》，引导家政服务业充分融入社区生态体系，增强社区为民、便民功能，扩大居民身边的优质家政服务供给，不断满足人民群众日益增长的美好生活需要。指导意见集中体现了

---

① 朱先平：《社区居家养老服务的嵌入性情境及困境研究——基于 F 养老服务机构社区实践的调查分析》，博士学位论文，吉林大学，2022。

② 陆杰华、林嘉琪：《中国人口新国情的特征、影响及应对方略——基于“七普”数据分析》，《中国特色社会主义研究》2021 年第 3 期。

③ 吴莹、张雪、王瀚卿：《中国城市社区居家养老综合性服务体系探索——借鉴日本社区综合性医护体系》，《东疆学刊》2022 年第 1 期。

④ 王一雯、刘坤哲：《“三孩”政策背景下 0—3 岁婴幼儿托育公共服务体系精准化构建——以安徽省 F 市为例》，《四川职业技术学院学报》2023 年第 5 期。

“以人民为中心”的发展理念，既强化了家政服务的可及性，又提升了家政治理的系统性。预计2025年基本实现社区家政服务能力全覆盖。家政服务作为公共服务体系的重要构成部分逐渐显现其基础性社会服务的角色地位，引导家政企业融入社区生态系统，能推动家政进社区实现专业化、标准化、规模化、集约化发展。

日本是世界上老龄化程度较深的国家之一，日本社区服务的发展与我国非常相似。日本的社会保障改革一开始是试图建设以服务全部年满75岁老人为目标的社区综合护理系统，以此作为全面的老年人社区支持体系。但逐渐发现现有的社区综合系统似乎不可能独自应对人口老龄化、家庭多样化、个体化和出生率下降等问题，在这种情况下，日本开始设想在社区中建立一个全面的支持系统，帮助实现社区共融，建设“社区共融社会”，这被认为是2025年后日本理想社会的形象。日本“社区共融社会”建设与我国家政进社区有很多相似之处，对其加以观察可以更深入地理解我国家政进社区的内涵及意义。

一　日本“社区共融社会”建设及启示

（一）日本“社区共融社会”建设理念与做法

由于现有的社区综合护理系统不能独自应对人口老龄化、家庭多样化、个体化和出生率下降等问题，2017年，日本政府颁布了《社区综合护理系统加强法案》，提出了促进实现“社区共融社会”的具体措施。[①] 所谓“社区共融社会”是立足全代理念，目的不仅是为老年人提供支持，而且为所有生活在社区中的人提供支持，同时聚集社区的各种资源。[②] 全代、

① Miyazawa, H., “Welfare Regime in Japan and Recent Social Security Reform,” In: Miyazawa, H., Hatakeyama, T. (eds.), *Community-Based Integrated Care and the Inclusive Society*, Springer, 2021, p. 14.

② Koizumi, R., Hatakeyama, T., Miyazawa, H., “Formation of Comprehensive Community Welfare Bases in Urban Areas,” In: Miyazawa, H., Hatakeyama, T. (eds.), *Community-Based Integrated Care and the Inclusive Society*, Springer, 2021, p. 334.

全民社区共融社会的构建，是对社区综合护理系统的普遍化和主体范围的拓展，它从老年人社区综合护理体系发展到包括儿童和育儿用户支持项目以及残疾人社区过渡、社区生活支持等。“社区共融社会”主要包括三种模式：垂直分段型、整体一站式、强化合作型。① 垂直分段型是指将服务按照不同的维度或特定的需求进行划分，例如，根据不同的家庭需求分为清洁、老人护理、婴幼儿托育等。整体一站式意味着居民可以在一个服务站点解决所有问题，企业提供全方位的服务，从需求识别到解决方案的提供，一站式站点均可以满足。强化合作型指强化不同服务机构之间的协作，例如家政公司、社区、医疗机构等，共同为居民提供综合服务。“社区共融社会”强调以增强社区力量为基础，从垂直分段型向整体一站式或强化合作型转化，依托社区自身，整合其他资源，居民全生命周期服务需求均可在社区内获得，将社区内居民的需求作为社区自己的事情，创建“不考虑‘别人的事’，只考虑‘自己的事’”的社区发展模式（图 1）。“社区共融社会”主要有四种作用：（1）支持当地居民的公益活动和家政服务，并为互动活动提供设施；（2）举办与公益、家政有关的讲习班和课程；（3）提供有关公益活动、家政服务等方面的咨询和信息；（4）协调公益活动和家政服务的提供。②

《社区综合护理系统加强法案》于 2018 年生效，各地区开始为实现“社区共融社会”努力。如横滨市早在 20 世纪 70 年代就开始关注社区福利，这是综合性社区支持体系在该地区得以发展的基础。③ 企业以合作、嵌入的方式扎根于社区，成为“社区共融社会”的管理者。企业通过专业的员工团队，为社区居民提供优质的服务，护士、持证社会工作者和

---

① Miyazawa, H., "Welfare Regime in Japan and Recent Social Security Reform," In: Miyazawa, H., Hatakeyama, T. (eds.), *Community-Based Integrated Care and the Inclusive Society*, Springer, 2021, p. 13.

② Koizumi, R., Hatakeyama, T., Miyazawa, H., "Formation of Comprehensive Community Welfare Bases in Urban Areas," In: Miyazawa, H., Hatakeyama, T. (eds.), *Community-Based Integrated Care and the Inclusive Society*, Springer, 2021, p. 339.

③ Koizumi, R., Hatakeyama, T., Miyazawa, H., "Formation of Comprehensive Community Welfare Bases in Urban Areas," In: Miyazawa, H., Hatakeyama, T. (eds.), *Community-Based Integrated Care and the Inclusive Society*, Springer, 2021, p. 333.

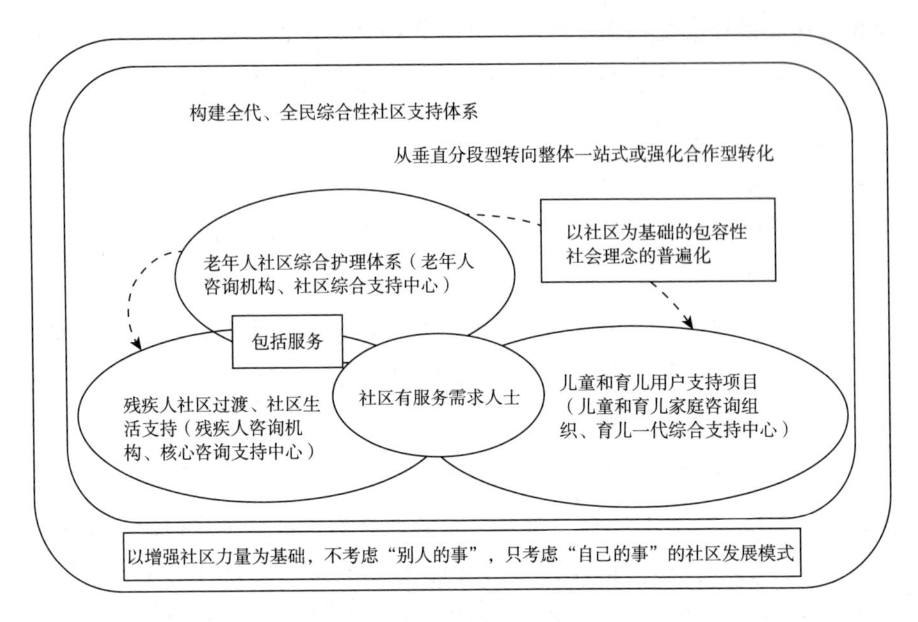

图1　日本“社区共融社会”

资料来源：2017年日本厚生劳动省数据。

长期护理支助专业人员等人员通力合作，为居民提供应对各种挑战的一站式综合家政服务、支持和咨询。这是日本实现“社区共融社会”的重要举措，通过扩大纳入综合性社区支持体系的人群范围，使社区提供整体支持成为可能。下面从老年照护、母婴护理、家庭教育等不同维度简要介绍具体做法。

1. 老年照护

横滨市Noshichiri社区的“社区共融社会”建设运营委托给福岛新光公司。福岛新光公司在社会福利活动方面有着悠久的历史，1976年建立了一个托儿中心，1986年又建立了私人养老院。为了应对社区的人口老龄化和居民就业问题，社区关怀广场为居民提供老年照护服务和培训课程。在社区关怀广场，公司对老年人每周进行一次90分钟的健康促进运动，每周提供一次60分钟的锻炼计划，帮助老年人保持腿部力量。广场还设置老年食堂，实施助餐、送餐服务，为独居老人送餐的同时检查老年人的安全。社区关怀广场还开设培训课程来帮助居民就业，这些课程涉及如何对待老年人或阿尔茨海默病患者、如何处理个人信息以及护

理技术的基础知识，开设“生命终结规划”课程，涉及如何选择护理设施，以及与遗嘱和继承相关的内容。此外，还开设旨在通过手指活动预防阿尔茨海默病的手工艺课程和作为一种交流手段的健康麻将课程等。①

2. *母婴护理*

日本厚生劳动省于2014年实施了《怀孕和分娩综合支助示范方案》，以促进地方政府建立“怀孕分娩和育儿综合支助系统”。该方案包括妇幼保健咨询支助方案、产前和产后支助方案和产后护理方案。2015年，日本根据当年实施的《儿童和托幼支助法》，将妇幼保健咨询支助方案纳入法律，使其成为一项强制性方案。在该方案中，孕妇和哺乳母亲由市政当局安排孕产妇和儿童保健协调员提供支持，协调员由具有孕产妇和儿童保健专业知识的公共卫生护士和助产士担任。协调员与相关企业建立合作体系，根据从怀孕通知、个人咨询和健康检查中获得的信息，掌握孕妇和哺乳母亲的状况，无缝提供妇幼保健服务。②

社区在现有的托儿所内建立综合育儿支持中心，中心运营主要委托给当地的企业。每个中心都有助产士或具有护士资格的专家作为妇幼保健管理人员，以及有执照的社会工作者和托儿所教师作为育儿支助护理管理人员。在印发《妇幼保健手册》时，妇幼保健管理人员对家庭成员进行面谈并评估家庭面临的风险。与此同时，社区关怀广场还开展产前产后支持项目，并开展为晚育者举办聚会、为居民举办家长班等活动。此外，妇幼保健管理人员和育儿支助护理管理人员随时接受咨询，以减轻女性与怀孕、分娩和育儿有关的焦虑。分娩后健康状况不佳或对养育子女有强烈焦虑、婴儿健康状况不稳定或无法得到家庭支持的母亲，可以在市内妇产医院获

---

① Koizumi, R., Hatakeyama, T., Miyazawa, H., “Formation of Comprehensive Community Welfare Bases in Urban Areas,” In: Miyazawa, H., Hatakeyama, T. (eds.), *Community-Based Integrated Care and the Inclusive Society*, Springer, 2021, p. 346.

② Miyazawa, H., Tada, K., “Establishing Community-Based Integrated Support Systems for Pregnancy, Childbirth, and Childcare in Japan: Focusing on Regional differences,” In: Miyazawa, H., Hatakeyama, T. (eds.), *Community-Based Integrated Care and the Inclusive Society*, Springer, 2021, p. 264.

得短期住院和日托服务。①

3. 家庭教育

横滨市青叶区玉马社区是育儿家庭比例较高的一个地区，有6岁及以下儿童的家庭比例为12.5%。社区护理广场通过提供多样化的育儿支持项目，满足了育儿家庭的需求，提升了社区居民的生活质量和幸福感。社区护理广场于2013年3月1日建成，并委托Ryokuseikai公司运营，社区内许多交流活动都与育儿支持有关。具体项目包括为母亲提供咨询服务的沙龙、让父母和孩子一起享受有节奏感的亲子活动、为有发育差异的儿童及其支持者举办学习会议等。这些项目大约每月举行一次，座位量15个左右。一个名为“美丘育儿广场”的项目每月第三个星期三的10：00~13：00开放，无须申请，参与者可以自由进出房间，并在场地内用餐。这个项目为父母和孩子提供了一个可以随意光临的地方，促进了社区居民之间的交流和互动。此外，青叶区还提供一个名为“周末游戏室”的项目，这是青叶区与私营企业合作开展的项目，旨在提供行政部门或服务提供商无法单独提供的服务（见表1）。项目内容利用了每个合作企业的特点，父母和孩子可以在周六或周日一起参加各种活动。社区护理广场作为实施这些项目的场所，其良好的可达性是其优势之一。通过这些多样化的育儿支持项目和活动，社区护理广场提升了社区居民的生活质量和幸福感，提升了社区的凝聚力和稳定性。其良好的可达性和公私合作模式为其他社区护理广场提供了有益的借鉴和参考。通过这种模式，社区护理广场不仅满足了居民的多样化需求，还提升了社区的整体服务能力和水平，成为家庭和社区的黏合剂。②

---

① Miyazawa, H., Tada, K., “Establishing Community-Based Integrated Support Systems for Pregnancy, Childbirth, and Childcare in Japan: Focusing on Regional differences,” In: Miyazawa, H., Hatakeyama, T. (eds.), *Community-Based Integrated Care and the Inclusive Society*, Springer, 2021, p. 270.

② Koizumi, R., Hatakeyama, T., Miyazawa, H., “Formation of Comprehensive Community Welfare Bases in Urban Areas,” In: Miyazawa, H., Hatakeyama, T. (eds.), *Community-Based Integrated Care and the Inclusive Society*, Springer, 2021, p. 348.

表1　2018年“周末游戏室”项目内容

名称	营业时间	合作供应商
固体食品课程/婴儿食品课程	四月，七月，十月，一月	朝日集团食品
世界语言和歌曲游戏	每月	LEX研究所
培养孩子的读书习惯	六月，七月，十月，十二月，二月，三月	FAMILIE
球类阶梯班	每月	R体育网
家庭友好饮食教育	九月	朝日集团食品
家庭健身班	每月	美加洛斯体育俱乐部
家庭草裙舞	每月	MAHANA草裙舞工作室

资料来源：Tama-Plaza社区关怀广场提供的材料。

“社区共融社会”建设通过促进不同年龄段人群和不同专业领域之间建立紧密的联系和合作，整合各类资源和服务，确保每个人在社区中都能得到全面和连续的支持，且通过提供全生命周期的连续性服务和多元化的服务模式，促进社区参与，综合解决社区居民的生活问题，不仅提升了居民的生活质量和幸福感，还增强了社区的凝聚力和稳定性，推动社会的和谐与创新，实现社区的可持续发展。

（二）日本“社区共融社会”的启示

日本的“社区共融社会”建设从一开始以建立老年人社区综合护理体系为主，发展到包括儿童和育儿用户支持以及残疾人社区过渡、社区生活支持等，提供全生命周期的服务，提升居民的生活质量和幸福感，这与我国目前正在实施的推动家政进社区，扩大居家养老育幼等服务供给有很多相似之处，日本的“社区共融社会”建设对更好地理解和把握我国家政进社区的内涵及意义带来以下启示。

1. 家政进社区应坚持全生命周期理念

日本“社区共融社会”建设立足全代、全民观念，强调了不同年龄段人群的需求和参与。通过提供多元化的社区活动和服务，使得儿童、青壮年、中年以及老年人都能在社区中找到满足其需求的机会。例如，社区通常会举办针对不同年龄段居民的活动，如儿童园、青少年俱乐部、中年人健身课程以及老年人教育课程。这些活动不仅促进了不同年龄段人群之间的交流，也增强了社区内部的凝聚力。

全生命周期理念侧重于在人的整个生命阶段提供连续和适应性强的服务。日本社区治理体系注重提供从婴儿到老年人的服务，包括教育、就业、健康保障和老年护理等，使得每个人都能在社区内找到适合其个人需求的服务和支持，并且这些服务能够随着时间和需求的变化而调整。构建一个多元化、包容性强且适应性强的社区治理体系，这样的体系能更好地满足居民不同阶段的生活需求，并促进社区内部各群体之间的和谐共处。

家庭生态系统不仅包括父母和孩子组成的微观系统，还包括幼儿园、学校、同辈、扩大家庭、医疗服务提供者等中观系统，社区邻里、工作场所、社会服务机构、大众传媒等外部系统以及经济、技术变革、文化价值、意识形态等宏观系统。① 家政进社区需要关注不同年龄段、不同收入水平、不同生活方式的居民对家政服务的差异化需求，提供个性化和定制化的家政服务，为社区重点人群提供必要的关怀和帮助。家政进社区需要基于家庭生命周期视角，形成政府、社会、市场、家庭等多种力量积极参与的体系，让家庭始终成为婴幼儿健康成长和老年人舒心养老的“兜底者”，让社区成为可靠的“依托者”。②

2. 家政进社区应同时关注推动培训就业

通过终身学习与技能提升、多样化就业模式、社区支持与合作、政策激励等措施促进社区就业是日本“社区共融社会”建设的重要举措。日本的社区与地方政府、非营利组织和企业合作，提供就业咨询、各种技能培训和就业机会信息，帮助居民提升就业能力。例如，社区会定期举办职业培训班和就业博览会，帮助居民找到合适的工作；此外，社区还提供就业咨询服务，帮助居民制订职业发展计划，提升就业能力，在家门口找到适

① 〔美〕尼霍尔·本诺克拉蒂斯：《婚姻家庭社会学》，严念慈译，中国人民大学出版社，2021，第29页。

② 黄石松、孙书彦、郭燕：《我国“一老一小”家庭支持政策的路径优化》，《新疆师范大学学报》（哲学社会科学版）2022年第3期。

合自己的工作。政府还制定相关政策，保障社区服务从业人员的权益，提升他们的职业归属感和工作积极性。这种模式不仅提高了居民的就业率，还增强了社区的凝聚力。

在我国家政进社区过程中，可以建立一站式培训中心，提供家政服务相关的技能培训。这些培训中心可以与地方政府和企业合作，确保培训内容符合市场需求。也可以推动家政培训“大篷车”进社区，即家政企业设计菜单式家政培训课程，以“大篷车”形式送培训上门，提高居民的就业能力，满足社区对家政服务的需求。推动家政“家门口”就业，推动社区对辖区内未就业人员进行摸底，支持家政企业吸纳社区未就业人员，对于具有从业意愿的人员积极开展培训，可通过分时段灵活服务等模式，就近为社区内居民提供便捷的家政服务，实现“家门口”就业。对接吸纳乡村劳动力，按照已形成的协作帮扶关系，以乡村振兴重点帮扶县为重点，开展乡村与街道的精准对接。

3. 家政进社区应立足于社区本身

日本“社区共融社会”建设的基本理念是将社区内的居民需求都作为社区自己的事情，创建“不考虑‘别人的事’，只考虑‘自己的事’”的社区发展模式。立足社区本身，强调社区的自主性和互助性，社区内的企业、家庭等多元主体协同合作，整合各种资源，为社区居民提供极大的便利。无论是整体一站式模式还是垂直分段型模式，都是通过整合多种资源，如医疗、护理、康复、就业培训等，按需求提供专业化、精细化服务，满足社区居民需求，这样不仅提高了服务的效率，还增强了居民的归属感和满意度。

在我国，家政进社区可以通过加强社区与地方政府、企业和非营利组织的合作，共同推动家政服务的发展。例如，社区可以通过建立居民委员会和志愿者组织，鼓励居民参与家政服务的管理和监督，形成互助网络，通过这种方式，居民不仅可以更好地了解和监督家政服务的质量，还能在社区内形成自助、互助的氛围，增强社区的凝聚力。社区可以与地方企业合作，推出“家政服务超市”、线上线下结合的服务平台等，满足居民多样化的服务需求，提供就业机会和职业培训，促进居民“家门口就业”；

与非营利组织合作，提供志愿者服务和社区支持。通过这些合作模式，可以整合资源，提高服务的质量和覆盖面，增强社区的自我管理能力和可持续发展能力。

二 对我国家政进社区内涵的再认识

2022年11月，国家发改委出台了《关于推动家政进社区的指导意见》，指出家政进社区是指家政企业以独营、嵌入、合作、线上等方式进驻社区，开展培训、招聘、服务等家政相关业务。家政进社区不仅在于提供多样化和便捷化的家政服务，全链条提升家政服务的经济效益和社会效益，还在于通过建设社区服务网点、推动家政培训、融合社区公共服务等，使家庭成为参与者与反馈者，社区成为协调者与监管者，企业成为服务提供者、培训者，形成家庭—社区—企业“三位一体”的家政进社区生态系统（见图2），这与日本“社区共融社会”建设将社区内的居民需求都作为社区自己的事情，立足社区本身，强调社区的自主性和互助性，社区内的企业、家庭等多元主体协同合作的理念相一致。

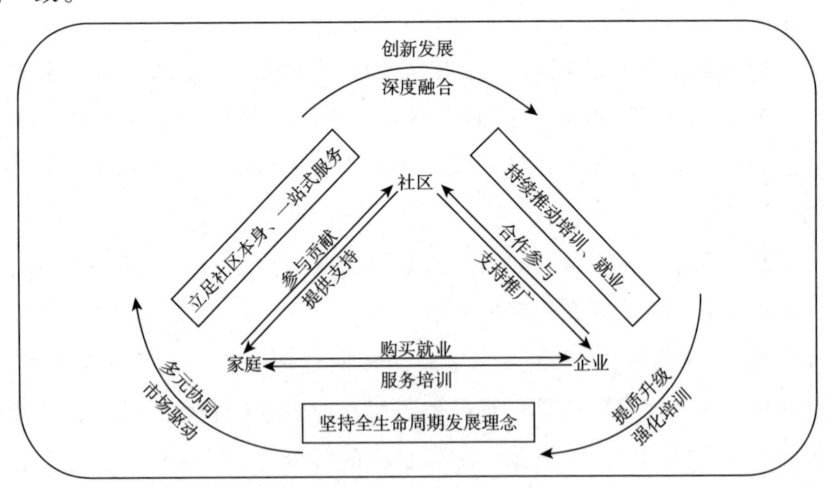

图2 家政进社区生态系统

（一）家庭角度

从家庭角度来看，家政进社区的内涵在于通过提供便捷性、多元化、个性化、专业化的家政服务，提升家政服务可及性，不断满足人民日益增长的美好生活需要。作为人类生存的基本单位、社会组织的基本细胞，家庭对于每一个人的发展起着至关重要的作用。[①] 在家庭中，“一老一小”是重要的主体，涵盖了全生命周期的起点和终点，养老幼育问题关系着千万家庭的幸福。在“9073”养老格局中，居家养老是我国目前最主要的养老模式。但居家养老不仅仅局限在家庭里，更要扩展到社区中，家政服务与居家养老融合，可以让更多老年人享受到专业化、个性化服务，让老年人在家庭和社区中就能满足生活照料和精神慰藉的各种需求，过上更有品质的晚年生活。家庭对托育服务的需求也是一个紧急、刚性的重大民生需求。此外，随着经济社会的发展，家庭的消费需求也在发生变化，从传统的物质商品需求扩展到各种服务和体验类产品需求，消费者对个性化、高质量的服务需求不断增加，家政进社区通过为家庭提供便捷性、多元化、个性化、专业化的服务，不仅满足家庭“一老一小”的公共服务需求，也能提升家庭的生活品质，有助于构建“15 分钟社区生活圈”，即在居民步行 15 分钟的范围内，建设“宜居、宜业、宜游、宜学、宜养”的社区生活圈。

（二）社区角度

随着社会发展不断加快，国家对于小政府的诉求也在提升，社区在人民生活中的地位和作用也在提高。社区是城市公共服务和城市治理的基本单元，把城市建设成为人民群众高品质生活的空间，必须夯实社区服务基础，让社区成为人民群众的幸福家园。发展城市社区嵌入式服务，是满足新时代人民美好生活需要，解决人民群众急难愁盼问题，提高人民生活品质的惠民利民之举。家政进社区是以社区为主要依托，以家庭为支点，为

---

① 朱东武、朱眉华主编《家庭社会工作》，高等教育出版社，2011，第 237~238 页。

方便和有利于社区居民生活提供各种有偿服务和无偿服务。这些服务包括养老幼育以及各种有关生活方面的服务，同时也能为下岗人员、农村剩余劳动力提供再就业机会，促进社区和社会的稳定和发展。因此，家政进社区，通过家政服务解决社区居民生活中的困难和不便，满足社区居民的物质和精神文化生活需要，有助于预防和解决社区的社会问题，有助于通过优化社区服务增强居民的社区认同感、归属感、参与感，强化社区的整合和稳定机制，为社会整体发展奠定基础。社区要充分认识到家政进社区是对社区工作的助力，社区是社区家政服务的实施场所和支持平台。社区可以通过提供场地、设施和政策支持，吸引家政企业进驻，形成多元协同、深度融合的良好局面。一方面，要补齐社区的基础性、公益性短板，以"一老一小"为重点，完善社区的养老护理、母婴照护、托育等普惠性服务；另一方面，要发展高品质的生活圈，包括运动健身、保健养生、新式书店、教育培训、休闲娱乐等，支持家政企业进驻社区信息平台，将家政融入智慧社区建设，立足社区本身，推进"15分钟便民服务圈"建设和"家政一站式服务中心"建设。同时，社区应积极推动家政企业、院校开展培训，帮助社区未就业人员实现家门口就业，吸纳农村剩余劳动力，培育社区经济。

（三）企业角度

家政企业是家政进社区的主体，是家政下沉社区中必不可少的一环，家政企业服务的场景就在社区。在进社区的过程中，家政企业要明确自身独营、嵌入、合作、线上等家政进社区的路径和方式，积极拓展家政服务网点功能，为所在社区的党、团、工、青、妇活动提供便利。同时，企业应坚持全生命周期发展理念，基于市场驱动，主动承担创新家政服务供给的责任，创新"非住家"的点单式服务和分段式服务，与社区托育机构、养老机构合作，在服务网点建设上融合嵌入，开展居家养老上门服务，承接适老化设计改造项目，参与家庭养老床位建设等。家政企业还需创新家政进社区的供应链，推出适合社区需求的家庭新产品、新服务、新消费，支持品牌化员工制家政企业发展，采取"政府+龙头企业+社区"模式，持续推动培训、就业，全面打造“技能培训+推荐就业+家政服务+产品团购”家政进社区的全链条服务。

三　对推动家政进社区意义的再认识

（一）实现供需两侧的双向奔赴

一是家政进社区可以提高家政服务的匹配度和质量，是提升居民生活品质、精准服务的极佳途径。首先，家政进社区可以让家政企业更加了解社区居民的具体需求和偏好，根据居民的年龄、性别、家庭结构、收入水平、文化背景等因素，提供不同的服务项目和标准，如保洁、助餐、月嫂、养老、整理收纳、宠物照料等，从而满足更加个性化和专业化的需求。其次，家政进社区能够提供便利的服务时间和地点，节约居民的时间和精力。再次，家政进社区可以让居民更加信任和满意家政服务机构，居民可以通过家政服务信息平台，对家政服务质量进行评价和反馈，促进家政服务机构的改进和监督，从而增加家政服务的使用频率和持续性。此外，社区家政服务网点、一站式家政服务中心的建设，线上预约点单模式的应用等，为社区居民提供沉浸式的服务体验，不仅能满足居民的服务需求，还能向社区居民宣导健康积极的家庭生活方式，引导居民生活性服务消费升级，进而提高家庭生活幸福感。总之，家政进社区是推动城市和社区更好承载人民美好生活的必要举措，有利于推动城市公共服务嵌入成千上万的社区，通过“家门口”的一站式服务，有效打通群众可感可及的“最后一公里”。

二是家政进社区可以推动“家门口”就业。家政进社区针对有意愿从事家政服务的农村转移劳动力和社区失业、退休等人员，设计菜单式培训课程；针对养老护理、婴幼儿照料等家政服务紧缺工种，开展专业化培训。企业和社区合作进行“培训+就业”模式，不仅加强了供需对接，有效吸纳社区人员就业，同时也有利于家政服务业提质扩容。

（二）实现家政服务与社区的深度绑定

一是家政进社区可以让家政企业成为社区的一部分，参与社区的建设和管理，为社区居民提供更多的便利和福利。例如，家政企业可以与社区居委会、物业公司等合作，开展社区卫生、环境、安全等方面的工作，提升社区的整体水平；再如，家政企业可以与社区商业、文化、娱乐等部门合作，为居民提供优惠的购物、餐饮、旅游、教育、娱乐等服务，增加社区居民的生活乐趣和幸福感；家政企业还可以与社区慈善、社工等部门合作，为社区居民提供公益活动、志愿服务等，增强居民的社会责任和公民意识，居民还可以通过家庭文化建设活动、家政活动周等传播家政文化，提升家政素养。

二是居民在社区家政服务中往往能够建立起长期的合作关系，更容易获得高质量的服务和满意度。这种紧密的服务关系不仅使居民能够获得更稳定和可靠的家政服务，还促进了社区内的互助和合作，增强了邻里之间的联系与信任，提升社区的整体形象和社区治理水平。

（三）百姓安家、社区稳定的纽带

家政进社区作为社会的细胞工程，通过“15分钟生活圈”的构建，打通了服务的“最后一公里”，关乎千家万户，促进了百姓安居和社区稳定，成为家庭和社区的纽带与黏合剂。家政进社区通过合理布局家政服务网点，居民可以在家门口享受到便捷的家政服务，避免了距离远、交通不便等原因导致的服务难题，不仅提升了居民的生活便利性，还促进了社区的整体发展和繁荣。通过社区的监督和管理，家政企业的服务质量和安全性得到保障，居民可以放心地选择和使用家政服务。同时，家政企业也可以通过社区平台，及时了解居民的需求和反馈，调整服务内容和方式，提升服务质量。

（编辑：陈伟娜）

Reinterpreting the Integration of Domestic Services into Communities: Insights from Japan's "Community-Based Integrated Care System"

ZHANG Shuoqiu, *ZHAO Yuan*

(Ginling College, Nanjing Normal University,
Nanjing, Jiangsu 210097, China)

Abstract: In 2022, China's National Development and Reform Commission issued the *Guiding Opinions on Integrating Domestic Service into the Community*, aiming to integrate the domestic service industry into the community ecosystem, enhance service accessibility, and promote industry quality and expansion. Japan's extensive exploration of elderly care has led to the development of the so-called "Community-Based Integrated Care System," which offers valuable insights for building China's frameworks of integrating domestic services into the community. This paper analyzes the characteristics and practices of Japan's system, emphasizing a whole life-cycle approach to integrating domestic services into communities and the importance of training and employment rooted in community foundations. It explores the roles of families, communities, and enterprises in fostering an "ecosystem" for domestic services, elucidating the significance of the frameworks through three key aspects: aligning supply and demand, deepening the integration of domestic services within communities, and creating secure and stable environments in families and communities through improved domestic services. The findings aim to raise awareness and enhance the promotion of domestic service within communities.

Keywords: Integrating Domestic Service Into the Community; Community-Based Integrated Care System; Japan; Social Ecosystem

市域社区居家养老服务供给体系的优化路径研究*

杜 实 滕思桐 张鹏辉

（长春理工大学法学院社会学系，吉林 长春 130022）

摘 要：以往社区居家养老服务研究的实证材料多取自服务终端，从服务内涵、服务效果或政策落地等视角提出对策建议，缺乏从服务供给的前端视角展开的研究。建立这种新视角有利于从政策制定与服务提供的角度，发现服务供给方面存在的问题，从源头上改善现状。面对我国社区居家养老服务发展现状及普遍性问题，本文以东北地区 C 市为案例，通过区域性政策分析，与政府管理部门展开座谈，对社区老年食堂、社区居家养老服务中心等机构进行调查，发现该市社区养老服务供给在区域服务平衡、要素保障、供需匹配度、信息化服务方面存在发展瓶颈。在吸收国外相关政策与服务经验后，C 市乃至全国各地应从服务均衡化、要素支撑力度、养老供需匹配、“互联网+”养老层面提升社区居家养老服务质量。

关键词：银发经济；养老政策；积极老龄化；社区老年食堂；社区养老服务中心

作者简介：杜实，长春理工大学法学院社会学系主任、副教授、硕士生导师，主要研究方向为文化与社会发展、社区社会工作；滕思桐、张鹏辉，长春理工大学社会工作专业硕士研究生，主要研究方向为社区社会工作。

党的二十届三中全会明确指出“积极应对人口老龄化，完善和发展养老事业和养老产业政策机制”，“优化基本养老供给，培育社区养老服务机构”①。2024 年 1 月，国务院办公厅已根据前期接续性政策印发《国务院

---

* 本文系吉林省社会科学基金项目（2024B76）、吉林省高等教育教学改革研究课题（2024L5LNMG3002G）、教育部人文社会科学一般项目青年基金（24C10186014）的阶段性成果。

① 《中共中央关于进一步全面深化改革 推进中国式现代化的决定》，https://www.gov.cn/zhengce/202407/content_6963770.htm?sid_for_share=80113_2。

办公厅关于发展银发经济增进老年人福祉的意见》，文件中提出“扩大老年助餐服务”“发展社区便民服务”“丰富老年文体服务”等举措[①]，细化了社区居家养老的服务类型，确保政策能够落地生根，切实优化服务实践。上述党和国家重要方针政策的前后呼应与密切互动说明当前我国社区居家养老服务正在向纵深与高质量发展，希望通过社区居家养老服务增进老年人福祉，让老年人安享幸福晚年，以服务供给的方式有效控制我国老龄化程度逐渐加深带来的社会问题。

而从微观社会的角度来看，老龄化背景下的养老方式选择由以往“90-7-3”格局中97%的老年人选择在社区或家中养老的比例进一步提高，如北京2023年以来选择在社区或家中养老的人数比例甚至达到99%[②]。根据民政部门养老服务处室工作经验得知，本文调研的东北C市所在省份多年来选择在社区及家中养老的老年人则保持在99%，居高不下。这一信号不断提醒政策制定者和服务提供者更关注老年人居住社区，通过政策引领展开社区居家养老服务，以可见可感的服务实践将老年人从住所吸引到活动场所，让越来越多的长者就近体验到社区助老敬老服务。新时期，这类服务尚处于起始阶段，因此以城市为试点，对社区居家养老服务体系进行调研、分析和优化十分必要。

一　文献回顾及评述

（一）西方以社区照顾为核心的社区居家养老服务供给研究

西方国家有关社区居家养老服务的实践与研究大致分为三阶段。一是以宗教或慈善救济方式进行较早的准社会化养老研究。在养老服务体系尚未建立的背景下，西方宗教通过“为养老机构捐款、为贫困老人提供经济

---

① 《国务院办公厅关于发展银发经济增进老年人福祉的意见》，https://www.gov.cn/zhengce/zhengceku/202401/content_6926088.htmv。

② 王琪鹏：《北京：创新居家养老将扩大试点范围》，《北京日报》2023年5月23日。

支持以及避难所等方式，承担起慈善救助的角色"①。1601年，英国的《济贫法》提出为老人等其他无力谋生者提供救济帮助，成为社区居家养老服务的历史根源。二是依据"社区照顾"思路展开社区居家养老服务的学术想象。"从心理卫生领域进入老年人照顾范畴"②的"社区照顾"概念最早于20世纪四五十年代出现在英国，是出于对"院舍（机构）照顾"养老方式的反思，带动"反院舍化运动"的兴起，指"由社区非正式网络（家庭成员、亲朋好友、街坊邻居等）与正式社会服务机构（专业服务机构）在属地共同承担有所需求的老年人之照顾"③，使社区居家养老服务初具轮廓。三是社区居家养老服务作为社会照顾理念的精细化实践研究。20世纪80年代以来，西方学者致力于缓解居家养老与家庭核心化的矛盾，提出完善社区居家养老服务的对策，Baldock提出"将社区照顾应用于老年人的个性化服务"④；同时，除社区物质保障以外，对老年人的身体和心理展开服务也十分重要，而面对宏观政策发展，Bernfort等呼吁"联动政府、社区、家庭多方主体充分调动养老资源"⑤，标示西方以社区照顾为核心的社区居家养老服务研究日趋成熟。

（二）我国社区居家养老的优秀文化传统及服务供给发展研究

我国社区居家养老的重要研究观点主要包括以下三个方面。一是从优秀传统文化中探寻非家庭内部的养老理念，我国古代就"制定了国家层面养老的伦理规矩"⑥，如《礼记·王制》提到"五十养于乡，六十养于国"，强调

---

① 赵立新、赵慧：《从社会责任视角看养老服务的多元化趋势——兼论宗教在养老中的角色定位》，《鲁东大学学报》（哲学社会科学版）2017年第3期。

② 夏学銮主编《社区照顾的理论、政策与实践》，北京大学出版社，1996，第45页。

③ 张甜甜、王增武：《我国大陆地区社区照顾研究综述》，《四川理工学院学报》（社会科学版）2011年第3期。

④ Baldock, "Innovations and care of the elderly: the cutting edge of change for social welfare systems. Examples from Sweden, the Netherlands and the United Kingdom," *Ageing and Society*, 1992 (12).

⑤ Bernfort L., Eckard N., Husberg M., et al., "A case of community-based fall prevention: Survey of organization and content of minor home help services," *Swedish Municipalities*, 2014 (7).

⑥ 任德新、楚永生：《伦理文化变迁与传统家庭养老模式的嬗变创新》，《江苏社会科学》2014年第5期。

国家以礼制形式进行的尊老养老行为。儒家思想对“社会互助方面的养老责任承担”[①] 的讨论在《孟子》“老吾老，以及人之老”名句中有所体现，即提倡非亲缘的社会性尊老敬老行为。可见，除家庭以外，国家和社会同样是我国传统文化中养老实践的重要行动主体。二是对计划经济时期集体性养老服务的经验总结研究，自新中国成立到改革开放前，养老服务强调以单位为基础的养老保障，开展“精神慰藉性较强的养老服务”[②]，出现“国家—单位”制的养老服务体系。该时期养老服务的具体方式主要“依托家庭支持、城市的机关单位以及农村的土地改革等方式保障老年人的生活”[③]，而专业养老机构的服务范围和能力尚待发掘。三是我国新时期多元主体社区居家养老服务研究，主要集中在两方面：一方面讨论多元服务主体的多种服务模式，如“养老资源嵌入社区、养老+地产”[④]，“日间照料中心、老年公寓、候鸟式养老”[⑤] 等，具体运作方式包括“街道—社区承接、社会组织外包、政府向企业购买服务”[⑥] 等；另一方面是多元主体服务政策落地的“问题—对策”研究，针对养老政策不完善和老年人难以接受机构养老的普遍困境，“将社区养老服务设施纳入地方经济发展目标”[⑦]，“引导多种所有制企业参与”社区居家养老服务，“策划更贴近老年人需求的服务项目”[⑧] 等思路成为推动多元主体进行社区居家养老服务的核心对策。

（三）文献评述

已有国内外相关研究的文献大多从社区居家养老的服务本身及其终端进行实证性研究，考察服务内涵（历史渊源）、服务效果、政策落地等，

---

① 张践：《儒家孝道观的形成与演变》，《中国哲学史》2000 年第 3 期。

② 郭林：《中国养老服务 70 年（1949—2019）：演变脉络、政策评估、未来思路》，《社会保障评论》2019 年第 3 期。

③ 董红亚：《中国政府养老服务发展历程及经验启示》，《人口与发展》2010 年第 5 期。

④ 王婷、贾建国：《我国养老及社区养老现状分析》，《中国全科医学》2017 年第 30 期。

⑤ 青连斌：《社区养老服务的独特价值、主要方式及发展对策》，《中州学刊》2016 年第 5 期。

⑥ 成海军：《我国居家和社区养老服务发展分析与未来展望》，《中国社会工作》2019 年第 26 期。

⑦ 张晓峰、王文棣：《兰州市 C 社区养老服务问题调查》，《社会保障研究》2015 年第 3 期。

⑧ 边恕、黎蔺娴、孙雅娜：《社会养老服务供需失衡问题分析与政策改进》，《社会保障研究》2016 年第 3 期。

这些研究更多体现在理论建构、地域差异、政策梳理与优化等方面的观点创新，缺乏从服务的供给溯源与动力视角展开研究。一旦展开从上述较新的视角切入的研究，就是以政策研究的立场让政策制定者（政府）与服务提供者（服务机构）发声，发现服务供给方面存在的问题，以深入社区居家养老服务机构及其上级政府管理部门内部为切入点，共同探讨政策支持、服务供给等问题，力求对社区居家养老进行更具方向前瞻性、策略路径性和建议指导性的研究，从源头上改善服务现状。

二　我国及C市社区居家养老服务供给体系建构的政策历程

为尽可能深入了解和掌握我国不同时期社区居家养老的供给体系建构情况，课题组一方面对全国整体情况进行梳理，另一方面选取老龄化程度较高、政策较为完备的东北地区C市作为典型案例展开政府工作人员座谈。除全国范围内的通用政策历程文本，与C市社区居家养老供给体系建构相关的媒体报道、政策文件等文献资料也成为调研素材。

（一）我国社区居家养老服务供给体系建构的政策历程

就整体情况而言，我国的养老服务从20世纪80年代到20世纪末开始由改革开放之前的福利性向社会化转变，明确了家庭养老与社会养老相结合的原则。步入21世纪，我国“养老服务业”的概念和体系开始形成，并提出逐步建立和完善以居家养老为基础、社区服务为依托、机构养老为补充的服务体系。到2012年党的十八大以来，养老服务的社会化和体系化进一步延伸，陆续提出发展老龄服务事业和产业，构建养老、孝老、敬老政策体系和社会环境，推动实现全体老年人享有基本养老服务等内容。2017年党的十九大报告增加“构建养老、孝老、敬老政策体系和社会环境，推进医养结合”[①] 内容。2022年党的二十大报告则强调“实施积极应

① 《决胜全面建成小康社会夺取新时代中国特色社会主义伟大胜利——在中国共产党第十九次全国代表大会上的报告》，https：//www. gov. cn/zhuanti/2017-10/27/content_5234876. htm。

对人口老龄化国家战略，发展养老事业和养老产业”，“推动实现全体老年人享有基本养老服务”[①]，并催生出愈发完善的社区居家养老政策与实践。

（二）C 市社区居家养老服务供给体系建构的政策历程

东北地区 C 市的相关政策与实践是我国社区居家养老服务供给的典型缩影，其最初重点关注困难老年人的社会福利保障，经过多年的发展，逐步面向社区全体老年人，并向综合嵌入式居家养老服务迈进。其发展历程主要分为以下三个阶段。

最初是以服务困难群体为主的日间照料阶段。21 世纪初，C 市所在省份在我国开展社区居家养老服务的初始阶段，紧跟时代步伐，以日间照料站的模式进行居家养老政策实践，具体政策内容及服务实践以 2009 年出台的《××省民政厅关于推进社区居家养老服务工作的实施意见》文件精神为主，作为居家社区养老服务的开端。当时的服务受众为城市中的困难群体，重点对“三无”、高龄、独居、特困和生活不能自理等老年人进行社区养老服务照顾。此阶段社区居家养老服务以社区居委会为供给主体，能够对城市社区的困难群体全覆盖，但没有第三方组织参与，属于政府指导下的一项重要社区服务。

之后是面向社区全体老年人的养老服务阶段。2013 年，随着《国务院关于加快发展养老服务业的若干意见》的印发，C 市所在省份的社区居家养老服务政策实践也迎来了新的篇章，目标是到 2020 年，全面建成以居家为基础、社区为依托、机构为支撑的养老服务体系。在此阶段，社区居委会仍然是社区居家养老的服务主体，但对服务类型有所拓展，具体服务功能也更规范。在社区提供的服务中心，老年群体可以享受文化娱乐活动和日间照料床位服务，这也是对上一阶段社区居家养老服务的升级。

当下是综合嵌入式社区居家养老服务新阶段。在新时期，该省充分发动居家社区养老的优势，开始对以社区为单位的养老中心进行进一步的转

① 《高举中国特色社会主义伟大旗帜为全面建设社会主义现代化国家而团结奋斗：在中国共产党第二十次全国代表大会上的报告》，http：//www. gov. cn/xinwen/2022-10/25/content_5721685. htm。

型升级，将其拓展为综合嵌入式的社区居家养老服务中心和服务社区所有人群的社区老年餐厅，这一改变有助于完善养老服务中心的资金链，同时由非政府组织的第三方承办，形成政府、机构、社区（居家）三位一体的综合式养老服务体系。作为朝阳产业，社区居家养老在后疫情时代蓬勃发展，从政策发布频率角度来看布局也更为密集，如 2022 年以来 C 市民政局发布的《关于加快推进养老服务高质量发展的实施意见》《〈C 市敬老餐厅管理办法（试行）〉政策解读》和所在省份民政厅发布的《××省综合嵌入式社区居家养老服务设施建设标准》《××省社区居家养老服务改革试点工作方案》，可见当地对此项政策执行与落地的重视。

在 C 市居家社区养老逐渐完善的过程中，各区以社区居家养老服务中心为依托，继续普遍将助洁、助浴、助医、助餐、助行、助急“六助”服务作为社区居家养老服务的基本要求。2021 年以来全省实现社区养老服务站点全覆盖，各社区养老服务站点为周边老年人提供日间生活照料服务、组织文体娱乐活动。该市还积极打造综合嵌入式的社区居家养老服务中心和服务社区所有人群的社区老年餐厅，并“为特殊和困难老人按每人每月 200 元标准购买生活照料、助餐等 11 类居家养老服务，设置家庭养老床位，服务对象已近 8000 名”①，让老人在不脱离熟悉的社会关系和生活环境前提下，享受到专业化、个性化、便利化的养老服务。

三　市域社区居家养老服务供给体系的发展现状

市域社区居家养老目前主要通过社区老年食堂、社区养老服务中心、老年大学等公共设施为老人提供助餐、生活照料、文化娱乐等服务，目的是让其享受到家庭所在社区的关怀与较为专业的照护。为充分了解 C 市社区居家养老服务供给情况，课题组于 2023 年 5～8 月展开调研，对全市随机抽取的 31 家社区老年食堂和 23 家社区养老服务中心进行官方数据搜集、

① 资料来源于该省民政厅内部通讯材料《加强社区养老服务，满足老年人“居住地养老”需求》。

归纳汇总，以服务供给溯源的视角研究目前C市社区居家养老服务的情况。同时，课题组还实地走访典型社区居委会、街道办事处、老年大学、社区老年食堂、社区养老服务中心等各类典型机构16家，结合对C市民政部门养老事业相关工作人员、典型养老服务机构负责人进行的21次访谈、3次座谈会，总结C市社区居家养老服务供给体系的建构现状，具体情况如下。

（一）健全社区老年人的多元化服务类型

新时期，C市社区居家养老服务体系的完善体现在对城市老年人群的全方位照护上。为满足老年人日益多样的服务需求，C市极为重视养老服务的多元化发展。首先，重点关注“健康养老”与社区养老服务的结合，积极开展老年健康知识宣传、疾病防治科普等工作，并与有关单位签订合作协议，开办健康管理、服务保健、医疗养护等活动；其次，以“文化养老”理论为基础，鼓励老年人投身老年大学的学习实践，并创建积分制的终身激励学习体系，促使老年人以乐观的心态面对生活，帮助老年群体树立积极老龄观；再次，通过打造智慧养老云服务平台、提升信息化服务质量等方式加快促进“互联网+养老”服务的建设，有效推动了养老服务产业的发展。最后，面对特殊群体的老年人，C市专门建立了“巡访关爱机制”，以独居、空巢、留守、特困、重残等老年人群体为重点帮扶对象，通过工作人员对有需求的老年人进行信息登记和定期探访，形成“居家养老+社会服务”的模式，从生活照顾、安全监测等方面为老年人解决实际困难。

（二）大力发展社区老年食堂助餐服务

为解决社区老年人就餐困难，社区居家养老服务供给体系不断推进社区食堂建设，食堂是由政府或社区发起、与餐饮服务企业合作成立的、满足老年人就餐需求的社会公益性组织。C市2020年疫情之前的社区老年食堂为数不多，仅在少数几个社区试点运营。自2023年初疫情整体平稳后，C市有关部门开始实际部署全市大规模社区老年食堂的筹建，大力发展老年助餐服务。在餐食方面，食堂精心根据老年人身体特点制定菜谱，提供健康饮食，老年人可以在社区食堂选择适合自己的菜品。在收费方面，根据省市政策，60岁及以上老人用餐享受价格优惠，优惠比例根据年长程度和是否生活困难有所浮动，按调查样本中套餐原价12~20元的标准，优惠后的价格为0~13元。在服务方面，在提供线下服务的同时，还开展线上配送服务，行动不便的老年人也能够吃上满意的饭菜。

1. 食堂运营性质：社会力量参与为主

在老年食堂的运营模式方面，C市老年食堂大多由社会力量参与运营，主要与民营餐饮企业合作，食堂承办人自主经营、自负盈亏。数据显示，31家食堂由社会力量参与运营的共28家（占90.32%），这种运营形式由民营养老服务中心或食堂所在社区与餐饮企业合作，进行餐食售卖。作为非营利、筑民生的服务项目，社区老年食堂得到了众多餐饮企业的大力支持，共有20余家企业参与老年食堂的合作运营，其中有3家企业同时运营2家及以上老年食堂。

2. 食堂面积规模：适度利用公共空间

受服务类型、服务人数以及财政投入等因素的影响，C市社区老年食堂面积绝大多数集中在200平方米及以内，虽然面积不大，但可谓“麻雀虽小，五脏俱全”，符合老年食堂的运营条件。

C市社区老年食堂空间规模整体呈正态分布，其中100平方米及以下有4家（占12.90%）；101~200平方米有19家（占61.29%）；201~300平方米有5家（占16.13%）；而301平方米及以上有3家（占9.68%）（见图1）。社区老年食堂虽然空间有限，但都能较好服务老年人，从敬老和助老的层面满足老年人的餐饮需求。

3. 食堂开放次数：提供中晚两餐为主

社区老年食堂的目标服务受众是老年群体，食堂以提供中晚餐（77.42%）为主，仅有少部分食堂（22.58%）同时提供早餐。食堂每日开放次数以店面具体宣传材料为准，每日开放中午一餐的食堂比例略微高出其他情况，这与老人的餐饮习惯有关，老人一般注重消化保健，早晨和

图1　C市社区老年食堂空间规模情况

资料来源：课题组C市社区老年食堂问卷调查。

晚间习惯居家简单用餐，而中午相对会吃得饱一些。根据这一习惯，餐饮企业为更加经济地运营食堂，更倾向于午餐的供应，而早餐和晚餐则根据食堂经营者对运营情况的评估情况决定是否提供。

4. 食堂供餐模式：自有厨房供餐为主

目前，C市社区老年食堂的供餐模式主要有两种：其一是食堂自有厨房，这种模式下老人可以根据当日供餐种类随意选择餐食，享用食堂厨师现场烹饪的饭菜，具有一定选择自由度；其二是由食堂进行配餐，这种模式是由食堂与外包餐饮企业合作，每日由餐饮企业做好套餐盒饭提前送至食堂，再由食堂售卖给老人，这样能够节约食堂的场地空间与运营成本。根据调查结果显示，C市社区老年食堂有28家（占90.32%）自有厨房，3家提供配餐服务。而这其中还有22家食堂（占70.97%）提供上门送餐服务，老人们可以通过电话或网络等方式进行订餐，能够满足不便出行老年人的饮食需求。

（三）兴建综合嵌入式社区养老服务中心

C市在2023年疫情整体平稳后大规模兴建综合嵌入式的社区养老服务中心，相较于传统社区养老机构，综合嵌入式社区养老服务中心（占82.6%）在长托入驻费用成本、社交互动以及设施设备等方面更具优势，为社区老年人提供了一系列综合性养老服务，包括生活照料、专业护理和居家入户等。

1. 中心运营性质：主要由社会力量运营

C市23家样本机构中，22家（占95.65%）养老服务中心为社会力量运营，属主流模式；仅1家为非社会力量（公办）运营。综合嵌入式社区养老服务中心项目得到多方社会力量的积极参与，主要原因有以下几点。首先，政府出台相关政策鼓励社会力量参与养老服务，提供财政支持、税收优惠等，吸引社会组织、企业、非营利机构等的投入。其次，未来养老服务市场前景广阔，社会力量愿意以提供公益性服务为宗旨积极参与，关注老年人需求，回馈社会。很多养老企业积极履行社会责任，通过投入资源提高老年人服务质量，同时提升企业社会形象。

2. *中心面积规模：以多层活动空间为主*

调研结果显示，C市23家社区养老服务中心样本有5家（21.74%）建筑面积在500平方米及以下，有12家（52.17%）建筑面积在501~1000平方米，有5家（21.74%）机构的建筑面积在1001~1500平方米，仅有1家（4.35%）建筑面积在1501平方米及以上（见图2）。

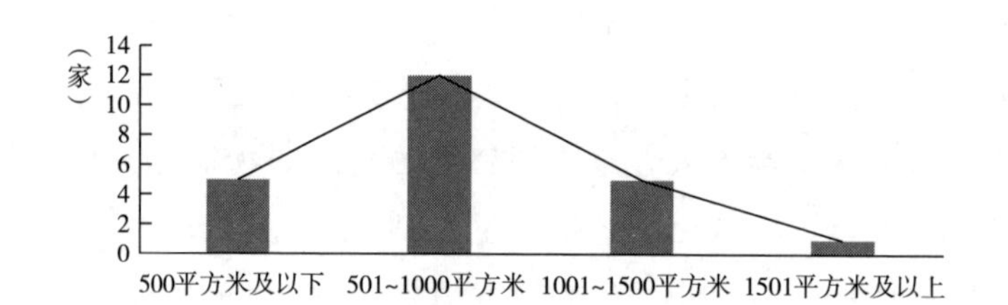

图2　C市社区养老服务中心建筑面积情况

资料来源：课题组C市社区养老服务中心问卷调查。

由此可见，C市社区养老服务中心建筑面积更多在1000平方米及以内。根据实地调查，面积在400~500平方米即可实现嵌入式养老服务中心的全部功能，这类机构的运营空间多以两层建筑为主，其中一层为文化娱乐区，二层为养老长托床位区。而500平方米以上的养老服务中心则功能更为齐全，可以容纳相对较大的活动室，养老服务效果更佳，如拥军大院社区养老服务中心内设与社区共用的体育馆、兴业街道养老服务综合体内设较大的歌舞厅，能够从文体活动上吸引更多老年人参与社区活动。

3. 中心长托床位及多元类型服务供给

根据实地调查，18 家养老服务中心（占 78.26%）有 10 张及以上床位，其中 10 家（占 43.48%）有 20 张及以上床位，一般 2～3 个床位共用同一房间。其中少数中心床位数量较少主要是因为 2023 年调研期间疫情刚刚平稳，一部分社区养老服务中心建设项目没有在当年全部完成，而目前床位数已呈增长趋势。除长托功能外，中心还为老人提供多种服务，按照服务频率降序包括文化娱乐、康复护理、精神关爱、上门服务等，满足老年人的多样化需求（见表 1）。

表 1　C 市社区养老服务中心多元类型服务情况

排序	服务项目	频数	占比
1	文化娱乐服务	23	100.00%
2	长托床位服务	23	100.00%
3	康复护理服务	11	47.83%
4	精神关爱服务	10	43.48%
5	上门服务	8	34.78%
6	代办服务	3	13.04%
7	家居智能服务	2	8.70%

资料来源：课题组 C 市社区养老服务中心问卷调查。

在各项服务中，能够提供文化娱乐和长托床位服务的中心有 23 家，数量最多，这说明服务中心的开办宗旨以充实老年人的社区居家生活为主，老年人来到服务中心也想要获得文化娱乐和就近生活照护方面的服务；而能够提供家居智能服务（如居家实时监测等智能适老化设备服务）的中心仅有 2 家，数量最少，这说明家居智能适老化设备的应用还相对不成熟。同时，在养老服务中心能提供的其他服务中，康复护理（含中医理疗）、精神关爱位居 3、4 位，服务供给量相对较高；而上门服务和代办服务位居 5、6 位，供给量相对较少，这是由于疫情平稳后，已建成的社区养老服务中心尚需重新启动服务，中心人力资源短缺和老年人的防疫心理惯性导致服务供给不足。

四　市域社区居家养老服务供给体系的发展瓶颈

C市近年来不断强化社区居家养老服务实践，已在新时期取得一定成效，但在完善服务供给体系方面还存在一定发展瓶颈，具体表现如下。

（一）区域均衡发展方面存在结构性矛盾

据调查，C市社区居家养老服务供给体系存在区域均衡发展方面的结构性矛盾，其中心老城区服务供给相对不足，而外延新城区服务供给相对完善。具体来讲，市内中心城区的老旧小区一直存在养老服务用地、场所、设施配套不足问题，原因主要在于中心城区在早期规划建设时未预留公共设施用房，现阶段区内老旧小区居民难以获得高质量的社区居家养老服务。相对而言，城市外延的新建小区已按照上级要求规划社区公共服务用房及场地，C市开发区、新城区的大型住宅社区全部配有居家养老服务用地，配建社区居家养老服务设施，并引入房屋地产公司、小区物业公司或养老企业开展居家养老服务，老人能够集中开展活动。由此可见，当前市域社区居家养老服务供给体系的区域间平衡性发展存在结构性矛盾，难以完全实现市域整体需求端的满足。

（二）要素支撑保障的力度尚需加强

社区居家养老服务体系的要素支撑保障短板主要包括资金、政策等方面。当前C市各区养老服务体系建设资金投入不一，有的地方虽逐年有增加，但与日趋加深的人口老龄化程度、日益旺盛的养老服务市场需求相比显得严重不足。资金投入方向仍然停留在“补砖头”上，各地普遍将资金投入在养老基础设施方面，对于急需提升的居家社区养老服务和运营投入较少。同时，C市虽然出台政策文件给予不同主体运行机构优惠政策，但仍存在一定问题，公办机构开办审批条件较为烦琐，主要依靠政府投入，自身盈利能力有限，存在服务供给低效的问题；民办机构存在补贴限制条件严格的困境，具体情况包括证照类型与补贴要求不匹配等，投资多、回

收慢、盈利差等问题。

（三）养老服务实践供需匹配度较低

C市社区居家养老服务供给已取得一定成绩，但与市域社区老年人的需求相比，二者的匹配度相对较低，没有形成良性的互动局面。具体来讲，虽然近几年C市运行综合嵌入式社区养老服务中心项目，并大力推广社区老年食堂，社区老年人也对此有一定的认知度与参与度，但目前政府的宣传力度有限，运营企业也缺乏成熟的商业模式。对老年群体来讲，具体的养老需求更多表现在老年食堂餐饮方面，但也只有一部分追求新事物的老年人会去老年食堂消费体验，大多数老年人消费意愿有待加强。另外，目前社区养老服务中心长托床位入住率还在培育和缓步提升当中。没有形成社区居家养老的消费习惯，导致消费能力不足。

（四）信息化养老服务能力有待提高

调查发现，绝大多数的社区养老机构服务主要依靠人工，养老机构内的信息化平台建设比较落后，而它们也很少能提供家居智能的相关服务。智慧社区居家养老虽然依托信息技术，但目前主要集中在传统养老服务方面，未有效推广智能化、高科技的养老服务应用；老年人对智能设备的使用水平和学习水平有限，导致智能设备使用率有待提升；数据利用率低，尽管老年人信息采集已完成，但与其他部门的数据共享程度不高，未能实现数据的有效利用。

五　国内外社区居家养老服务供给的先进典型经验

针对上述发展瓶颈，为实现市域社区居家养老服务供给的优化发展，我们可以积极借鉴国外的先进典型经验，嵌入我国本土化的服务供给创新中，在新的历史起点中抓住机遇，找到解决问题的关键点，并从中汲取宝贵的发展经验。

（一）我国社区居家养老服务供给的经验

在居家养老优质服务方面，为解决城市老年人“床位荒”问题，通过在家中进行老人住宅的硬件适老化改造，配备辅具和监测设施，南京等长三角地区已成功推行居家养老服务，包括家庭照料病床试点项目，建设“5700多个适老化床位，实践居家与养老院床位合二为一”① 的运行模式。

在社区养老优质服务方面，多地在社区养老方面加以重视，例如，重庆九龙坡区通过“强化政策保障、完善政策体系，并采取多种方式助力设施建设”②，率先实现全市社区养老服务设施全覆盖，获得国务院办公厅督查激励。

在“互联网+”养老服务方面，我国信息化养老经历了从电话呼叫到网络互联的升级，广西南宁的智慧养老服务平台项目于2018年启动，旨在通过建立综合的信息化智慧养老服务平台③，为城市散居、独居、需护理的60岁及以上的“三无”“五类”老年人提供全面的养老服务，支持发展老年电子商务，促使老年人享受多样化、质优价廉的服务，共享“互联网+”信息化养老的新成果。

国内优秀社区居家养老服务理念一向重视全心全意为人民服务、以人为本的理念，注重人性化的社区居家养老服务，我们也要发扬这种精神理念，对老年人的需求进行调研和评估，立足省情、国情，使服务的供给和需求得到最大化的协调与匹配，充分满足老年人的社区居家养老需要。借鉴居家养老服务优化经验，提供适老化住宅环境、配备辅具，政府可制定政策鼓励养老服务发展，建设友善社区。通过现代通信技术和信息化手段，建立智慧养老服务平台，集成监管和社区服务，提高服务效率和质量，满足老年人及其家庭的需求。

---

① 王杰秀：《上海社区居家养老服务支持体系研究》，《科学发展》2016年第7期。

② 黄小露：《南宁市智慧社区居家养老服务模式研究》，《南宁职业技术学院学报》2021年第6期。

③ 赵佳寅、袁毅、崔永军：《我国虚拟养老院的信息化服务模式建设研究》，《情报科学》2014年第2期。

（二）国外社区居家养老服务供给的经验

对于社区养老服务，苏格兰的社区养老服务组织经过数十年发展，形成了多样化的第三部门养老服务格局，包括服务直接供给型、链接互通合作型和群体权益维护型三种类型，细分为八种类别，组织关系建构优化，形成层次丰富、合作共赢、持续发展的格局。

对于养老服务全面化，美国“全包式养老计划”（PACE）[①]，专注于帮助平均年龄 76 岁的高龄老人在社区中生活，提供预防性护理，其中 85%为 65 岁以上的老人，95%的老人居住在社区。PACE 组织通过与社区专家和服务提供者签订合同，为老人提供必要护理，并通过培训和支持团体等方式支持家人和其他护理人员。即使老人入住养老院，PACE 仍然提供付费照顾，并与养老院员工协同为参加者提供持续关怀，是美国唯一整合医疗保险和医疗救助资金的照护模式。

对于社区综合照护养老服务，日本的社区综合照护服务体系以社区为单位，整合各类服务，促进多职业和机构间的融合，根据每个社区特点构建，包括居民、护理员、社区、都道府县、国家、第三方护理机构、非营利组织等多个主体，强调“护理与康复”“医疗与看护”“保健与预防”“生活援助”“居住”[②] 五个要素，通过协同合作实现社区综合照护服务体系的日常运行。

对于家庭护理服务，瑞典政府“通过完备的家庭护理制度，强调以社区为基础的照护，特别关注老年人评价”[③]，1982 年颁布《社会服务法》，规定了规范的评价程序，涵盖生活自理能力、社交状况、居住情况等，保障老年人隐私。瑞典不断改进社区居家养老服务，引入第三方参与，通过由老人和服务人员签署的确认表格，确保服务质量。

---

① 王晓慧、刘爱芹：《美国“全包式养老计划”模式及思考》，《中国社会工作》2019 年第 25 期。

② 邵思齐：《日本社区综合照护服务体系的构建与借鉴》，《东北财经大学学报》2018 年第 6 期。

③ 柳佳龙：《瑞典的居家养老服务体系研究》，《劳动保障世界》2015 年第 S2 期。

多个国家都提到建立完善的社区居家养老服务体系，我们应从体系建构的角度进行服务均衡化、体系化的探索。注重社区居家养老多元主体服务能力的加强，联动“政府—企业—社会组织”的多主体、多类型服务。而丰厚的财政支持是社区居家养老的物质基础，我们也应注重要素保证力度，从政策、财政投入等方面大力支持社区居家养老服务业发展。

六　完善市域社区居家养老服务供给体系的对策建议

通过对我国市域（以C市为例）社区居家养老服务供给政策、现状及瓶颈的梳理，以及对国内外服务供给先进实践经验的总结，调研组认为C市乃至全国都应当着力完善市域社区居家养老服务供给体系，在新时期积极应对老龄化战略与发展银发经济的背景下，通过服务均衡化、要素保障、供需匹配、“互联网+养老”等多种方式进行政策优化。

（一）推进服务整体性均衡发展

参照其他省市做法，C市应逐步提高省级财政用于养老服务体系建设的投入，持续加大财政资金、福彩公益金的支持力度，提高养老服务综合服务设施和站点建设密度，缩小服务半径，强化养老服务设施的辐射效应，加大对困境老人的关爱服务力度，实施互助服务项目。同时，进一步统筹规划社区服务设施建设，充分利用现有公共设施，提升养老设施的共享程度，加强非中心城区养老服务设施建设和场所配套。统筹建设社区内部福利设施，引导新建小区与老旧小区、精品社区与老旧社区间资源共享。通过新建、改扩建、购置改造等方式完善城市老旧社区养老服务设施，加强物业公司、社会组织参与养老社区服务供给。

（二）加大要素支撑的保障力度

根据我国的国情，社区居家养老服务体系的资金要素支持应采取多元化方式，优化补贴制度，增加养老服务财政投入，寻求政府、社区和机构间的和谐发展，进一步加大养老服务财政投入和购买服务的力度。养老服务政策需优化财政保障机制，调整投入与支出结构，扩大支持范围，确保财政足额保障，实施优惠政策，提升服务与运营能力。同时，关于政策要素保障，一方面要推进公办养老机构提质升级，加大对公办龙头养老服务中心和社区老年食堂的建设力度，完善设施设备，加强适老化改造，不断提升公办养老机构的服务水平。另一方面，要促进民办机构健康发展，从政策制度上保障民办养老机构自主经营、独立核算、自负盈亏，鼓励民营机构提供特色服务，向“专、精、优”方向发展，建成一批服务质量好、社会评价高的服务新品牌。进一步放宽补贴限制、拓宽融资渠道，通过运营补贴、政府购买服务等支持政策促进社会力量广泛参与到养老服务中来。

（三）提升服务供给与需求的匹配度

C市需弥补机构服务短板，通过需求引导供给，确保服务需求评估与资源有效利用的平衡。一方面，找准社区老年人的具体需求，确保供需平衡，以实现养老机构的营利性可持续发展。通过深入调研，了解他们对社区居家养老服务的具体期望，包括社区食堂的价格、菜品、优惠力度以及养老服务中心的空间布局、服务种类和活动参与人员等，从而构建成熟的运营模式。另一方面，要加强政府基本养老服务的供给责任。政府在养老服务供给中应承担主导责任，发挥公办养老机构的托底作用，确保社区居家养老机构为经济困难老人提供服务。同时，应完善对独居老人的定期巡访和主动服务机制，将关爱服务纳入社区网格化管理基础事项，整合社区资源，为风险等级高的老年人制定个性化服务方案。增强家庭在养老服务中的保障能力。探索以家庭为单位作为基本福利对象，探索建立家庭照护者的津贴制度，通过提供补偿和补助增强未就业在家看护老人家庭的经济支付能力；完善个人所得税优惠制度，将提供长期照护服务的家庭成员个人所得税免税额度纳入整个家庭中。

（四）培育"互联网+养老"服务新业态

随着科技发展日新月异，信息化和智能化已成为养老服务革新的核心驱动力。C市社区养老机构需与时俱进，采取有效措施。首先，社区养老机构应创建一个统一的养老服务管理信息平台，确保服务的高效运作和信息的透明化。此平台全面整合各类资源，依托"互联网+"技术，为社区老年人提供多元化、个性化的服务，满足其独特需求。利用大数据技术深度挖掘老年人的健康状况与需求，提供精准、高效的服务，从而提升服务质量，增强老年人的满意度与归属感。同时，还要大力发展智慧养老体系，通过培训与宣传教育，推动老年人适应这一新型养老模式。养老机构应关注老年人的变化，并调整服务策略，发挥智慧养老体系的最大价值。

（编辑：王亚坤）

Research on Optimizing the Urban Community Home-based Elderly Care Services Supply System

DU Shi，*TENG Sitong*，*ZHANG Penghui*

（Department of Sociology，School of Law，Changchun University of Science and Technology，Changchun，Jilin 130022，China）

Abstract：Previous research on community home-based elderly care services has predominantly focused on service delivery at the user end，analyzing service content，outcomes，and policy implementation. However，there has been a lack of studies addressing the traceability and dynamic aspects of service supply. This paper introduces a new perspective，emphasizing the importance of understanding the upstream factors influencing service provision. This approach enables policymakers and service providers to better identify problems and improve services from the source. Using City C in Northeast China as a case study, this research examines community senior citizen canteens, home-based elderly care service centers, and related institutions through policy analysis and interviews with government officials. The findings reveal key bottlenecks in service delivery, including regional disparities, inadequate resource support, mismatches between supply and demand, and challenges in leveraging information technology. Drawing on international policies and best practices, this paper suggests that City C, along with other cities across China, should enhance community-based elderly care services by focusing on service equalization, resource allocation, supply-demand alignment, and the integration of "Internet+" technology.

Keywords: Silver Economy; Elderly Care Policies; Active Aging; Community Senior Citizen Canteens; Community Elderly Care Centers

河北省家政服务业高质量发展路径研究*

陈伟娜　李春晖

（河北师范大学家政学院，河北石家庄 050024）

摘　要：家政服务业的高质量发展对促进就业、保障民生具有重要作用。本研究使用问卷调查法、访谈法以及公开网络数据分析对河北省家政行业的发展情况进行了广泛深入调研，发现河北省家政行业发展存在企业整体规模较小、家政行业人才匮乏、企业内部管理不理想、服务品牌知名度有待提升等问题。建议家政企业一要充分把握国家政策，分享发展红利；二要聚焦自身优势特色，明确发展战略；三要夯实管理内功，激活内生动力，以实现行业的高质量发展。

关键词：家政服务业；高质量发展；发展战略

作者简介：陈伟娜，博士，河北师范大学家政学院副教授，硕士生导师，主要研究方向为家政服务业、家政心理学、组织行为学；李春晖，河北师范大学家政学院教师，正高级职称，河北省家政学会理事长，硕士生导师，主要研究方向为家政学。

一　引言

党的二十届三中全会提出，高质量发展是全面建设社会主义现代化国家的首要任务，必须以新发展理念引领改革，立足新发展阶段，

* 本文为河北省社科基金一般项目“中国企业情境下员工工作场所欺骗行为研究”（项目号：HB20GL048）、河北省妇女联合会项目“河北省巾帼家政企业发展现状调查研究”（项目号：SKH2231）、河北师范大学人文社会科学研究基金项目“目标设定对员工职场欺骗行为的作用机制研究”（项目号：S21B036）成果。

深化供给侧结构性改革，完善推动高质量发展激励约束机制，塑造发展新动能新优势。[①] 家政服务业是一种新兴产业，是随着经济社会不断发展，人民对生活品质需求不断提高应运而生的，它对促进就业、保障民生具有重要作用。[②] 我国的家政服务业经历了孕育、成长、兴起阶段后，现已进入繁荣阶段[③]，这就要求家政服务业的发展要从简单追求数量和增速的阶段，转向以质量和效益为首要目标的高质量发展阶段。

早在2019年国务院办公厅就发布了《国务院办公厅关于促进家政服务业提质扩容的意见》（国办发〔2019〕30号）以指引家政行业的高质量发展，而后每年持续发布促进家政服务业提质扩容年度工作要点，这些文件的出台为家政服务业的快速发展提供了根本遵循与政策指向，同时也注入了强大动力，提供了坚实保障。尤其是2024年发布的《国务院关于促进服务消费高质量发展的意见》（国发〔2024〕18号）明确提出，要挖掘家政服务等基础消费潜力，优化和扩大服务供给，释放服务消费潜力，更好满足人民群众个性化、多样化、品质化服务消费需求，这一文件的发布不仅为家政服务业的发展指明了方向，也对其高质量发展提出了要求。[④]

城乡居民收入水平不断提高，人民消费能力不断增强，新型城镇化和人口老龄化等多种因素的综合影响，使人民对家政服务的需求呈现井喷式增长，同时国家利好政策的频频出台激发了家政服务市场的巨大发展潜力，这为家政服务业的快速发展提供了千载难逢的契机。河北省地处华北，环抱京津，是京津冀协同发展战略中的重要一环，具有家政服务业发展的地理区位优势。但是河北省的家政服务企业能否抓住这一机会，乘上利好政策和经济环境的东风，踏上发展的快车道，还得依赖于企业自身的管理水平和内在动力。因此本文旨在深入了解河北省家政服务业发展的实

---

① 《中国共产党第二十届中央委员会第三次全体会议公报》，中国政府网，https：//www.gov.cn/yaowen/liebiao/202407/content_6963409.htm。

② 《国务院办公厅关于促进家政服务业提质扩容的意见》，中国政府网，https：//www.gov.cn/gongbao/content/2019/content_5407661.htm。

③ 赵媛、鄢继尧、熊筱燕：《推动中国家政服务业供需高水平动态平衡——中国家政服务业发展报告（2023）》，中国劳动社会保障出版社，2023。

④ 《国务院关于促进服务消费高质量发展的意见》，中国政府网，https：//www.gov.cn/zhengce/content/202408/content_6966274.htm。

际情况，分析其中存在的不足，进而提出有针对性的建议，以促进河北省家政服务业的高质量发展。

二 河北省家政服务业发展现状

（一）调查方法与抽样

调查主要使用问卷调查法、访谈法以及网络公开数据分析等多种方法，从家政企业和消费市场、企业负责人素质、企业管理水平以及企业绩效等多角度收集河北省家政企业发展的相关数据，以深入了解家政服务业发展的整体情况。

1. 网络公开数据

"启信宝"是一款基于政府公开数据，在线提供企业相关数据的公开信息查询系统。在"启信宝"企业信息查询平台，以"河北+家政+存续+家庭服务"为关键词进行检索，并按一定比例随机抽取河北省 11 个地市企业（未单列定州市、辛集市）样本共 5000 家。而后剔除信息重复的企业，以及主营业务明显不属于家政服务的公司，共获得有效样本 4238 家（见表 1）。

表 1 抽样地区分布

地区	样本数（家）	占比（%）	有效占比（%）	累计占比（%）
石家庄	869	20.5	20.5	20.5
唐山	544	12.8	12.8	33.3
秦皇岛	285	6.7	6.7	40.0
邯郸	364	8.6	8.6	48.6
邢台	173	4.1	4.1	52.7
保定	587	13.9	13.9	66.6
张家口	234	5.5	5.5	72.1
承德	275	6.5	6.5	78.6
沧州	332	7.8	7.8	86.4

续表

地区	样本数（家）	占比（%）	有效占比（%）	累计占比（%）
廊坊	420	9.9	9.9	96.3
衡水	155	3.7	3.7	100.0
总计	4238	100.0	100.0	

2. 问卷调查法

本研究使用自主编制的企业发展状况调查问卷对家政企业的具体发展情况进行调研，主要收集企业负责人情况、企业经营状况、企业管理水平以及企业发展潜力情况等方面的信息，力求从多角度了解企业的发展水平。问卷通过河北省“河北福嫂·燕赵家政”素质提升培训班和问卷星平台同时发放，共收回有效问卷155份。

3. 访谈法

通过对家政企业的高级管理人员进行一对一深度访谈，深入了解企业发展的实际情况，本次共访谈10人。

（二）调查结果

通过对本次调查的数据进行整理分析，从家政企业的规模、企业负责人情况、企业经营状况、企业管理水平、企业发展潜力情况以及家政企业经营中遇到的困难等维度呈现河北省家政服务业的整体发展情况。每一维度均选取多个代表性指标来加以反映。

1. 企业规模

企业规模主要使用企业的类型、注册资金两项指标数据来评估。具体数据见表2。

表2　企业规模

企业规模		频数（家）	占比（%）	累计占比（%）
公司类型	有限责任公司	1539	36.3	36.3
	股份有限公司	1	0.0	36.3

续表

企业规模		频数（家）	占比（%）	累计占比（%）
公司类型	有限合伙企业	4	0.1	36.4
	个人独资企业	56	1.3	37.7
	个体工商户	2638	62.2	100.0
注册资本	0~1.0万元	194	9.5	9.5
	1.1万~5万元	377	18.4	27.9
	5.1万~10万元	351	17.1	45.0
	10.1万~20万元	120	5.9	50.9
	20.1万~50万元	347	16.9	67.8
	51万~100万元	283	13.8	81.6
	101万~500万元	338	16.5	98.1
	501万~1000万元	27	1.3	99.4
	1001万元及以上	13	0.6	100.0
	缺失	2188		

在调查的企业中，有2188家公司缺失注册资金数据。河北省家政企业以有限责任公司和个体工商户为主，其中有限责任公司占比36.3%，而个体工商户占比高达62.3%。在注册资金方面，有效样本中公司注册资金5万元及以下的企业占比27.9%，10万元及以下的比例为45.0%，20万元及以下的比例超过一半，注册资金在100万元以上的仅为18.4%，可以看出河北省家政服务企业的整体规模较小，基本为小微企业。

2. 企业负责人情况

根据155份有效问卷的数据，从性别、年龄、学历层次三方面对企业负责人情况进行分析。从性别方面来看，家政企业负责人以女性为主，共120人，占总调查企业的77.42%，男性为35人，占总调查企业的22.58%，说明家政行业是女性创业的重要领域。

从年龄分布来看，家政企业负责人46岁及以上共计71人，占比45.81%；36至45岁为64人，占比41.29%；36岁以下共计20人，占比

12.90%，可见家政企业是年龄相对偏大人群创业的行业选择。

企业负责人的学历水平在一定程度上反映了其综合素质，对企业的管理水平会有较大影响。调查显示家政企业负责人学历以大专为主，占比为41.29%；中专和本科学历人数基本持平，分别占比为23.23%和23.87%；初中及以下学历水平16人，占比为10.32%；硕士及以上人才最少，仅有2人，占比为1.29%。整体来看，家政企业负责人66.45%为大专及以上学历水平，整体素质良好（见表3）。

表3　企业负责人学历水平统计

负责人学历水平	频数（人）	占比（%）
初中及以下	16	10.32
中专	36	23.23
大专	64	41.29
本科	37	23.87
硕士及以上	2	1.29
合计	155	100.00

3. 企业经营状况

对企业经营状况的分析主要通过企业主营业务以及企业经营状况满意度两个指标数据来进行。对155家企业的主营业务进行分析发现，大多企业从事的是传统家政服务，其中母婴护理比例最高，为84.52%，其次是养老照护，占比为76.13%，家庭保洁服务占65.81%，病人照护比例达57.42%，而家电清洗、烹饪服务、残疾人照护占比均在30%以上，而其他服务占比不足23%（见表4）。

表4　家政企业主营业务

主营业务	频数（家）	占比（%）
母婴护理	131	84.52
养老照护	118	76.13
病人照护	89	57.42

续表

主营业务	频数（家）	占比（%）
残疾人照护	54	34.84
家庭保洁	102	65.81
烹饪服务	58	37.42
家电清洗	62	40.00
其他	35	22.58

企业管理人员对企业经营状况的满意度在一定程度上反映了企业的发展状态。调查问卷数据显示，对本企业当前经营状况满意的为45人，占调查人数的29.03%；感觉一般的为77人，占总样本量的49.68%；不满意的有33人，占总样本量的21.29%。

4. 企业管理水平

企业的管理水平关系着企业能否持续发展，本次调查通过对企业管理水平自我评价、企业管理制度完善程度、企业拥有专业人才情况、企业战略清晰度以及企业的信息化水平等数据的分析，来反映企业的管理水平。数据显示，认为自己所在企业的管理非常专业的有11人，占比为7.10%；认为比较专业的有69人，占比为44.52%。认为管理水平一般的有61人，占比为39.35%，而认为管理不专业的共14人，占比为9.03%。90.97%的被调查者对企业的管理水平自我评价较好（见表5）。

表5　企业管理水平自我评价

企业管理水平自我评价	频数（人）	占比（%）
非常不专业	5	3.23
比较不专业	9	5.81
一般	61	39.35
比较专业	69	44.52
非常专业	11	7.10
合计	155	100.00

企业发展战略是一定时期内对企业发展方向、发展速度与质量、发展重点及发展能力等重大问题的选择和规划，它可以为企业指引长远发展方向，明确发展目标，并确定企业需要的发展能力。企业战略的真正目的是要解决企业的发展问题，实现企业快速、健康、持续发展。被调查对象中有99人认为所在企业有比较清晰或者非常清晰的发展战略，占总样本的63.87%，认为企业战略比较模糊或者没有战略的仅占8.39%（见表6）。

表6　企业战略清晰度评估

企业战略清晰度	频数（人）	占比（%）
没有战略	4	2.58
比较模糊	9	5.81
一般	43	27.74
比较清晰	72	46.45
非常清晰	27	17.42
合计	155	100.00

调查显示，多数企业拥有客户管理和财务管理专业人员，约半数企业拥有市场营销和人力资源管理等专业人员（见表7）。

表7　企业拥有专业人员情况

专业人员	频数（家）	占比（%）
市场营销人员	74	47.74
财务管理人员	97	62.58
人力资源管理人员	76	49.03
客户管理人员	102	65.81
项目管理人员	70	45.16
其他	16	10.32

对企业管理制度完善程度的调查发现，92.26%的企业有员工行为规范，72.26%的企业有客户服务管理制度，有财务管理制度的企业占比69.68%。不过还有7.10%的企业基本没有相关管理制度（见表8）。在进一步的访谈中我们了解到，大多数企业只有维持企业正常运营的最基础的管理制度，制度的系统性和完备性还需要进一步提升。

表8　企业管理制度

管理制度类型	频数（家）	占比（%）
财务管理制度	108	69.68
人力资源管理制度	87	56.13
市场营销管理制度	60	38.71
客户服务管理制度	112	72.26
员工行为规范	143	92.26
基本没有管理制度	11	7.10
其他	5	3.23

在员工培训方面，大多数家政企业重视对家政服务人员的培训，培训主要有公司组织培训和员工自主参加社会培训两种形式。培训内容主要是专项技能培训、职业道德培训和公司文化培训，也有一小部分企业开始开展心理学相关培训、法律法规培训以及家庭教育培训等。

对企业管理信息化水平的调研发现，有96名被调查者反馈所在家政企业使用互联网开展相关业务，主要用于宣传推广、人员招聘、职业培训，用于客服咨询、网络订单处理的占比约70%（见表9）。值得注意的是有59家企业则没有借助互联网平台开展经营活动。

表9　互联网使用领域

互联网使用领域	频数（家）	占比（%）
宣传推广	92	95.83
客服咨询	64	66.67

续表

互联网使用领域	频数（家）	占比（%）
网络订单处理	65	67.71
人员招聘	79	82.29
职业培训	79	82.29
其他	4	4.17
合计	96	100.00

5. 企业发展潜力情况

企业发展的持续动力来自对外部机会的把握和对内部创新、管理水平等核心竞争力的培育。在调查企业是否知晓“家政服务业提质扩容的意见”“家政服务业提质扩容领跑者行动”等政策时，选择“比较了解”和“十分了解”受访企业仅占 27.10%，23.23%的企业选择不了解，其他企业选择基本了解。进一步调查发现仅有 38.06%享受过相关政策，有 30.97%的企业认为政策对企业经营有促进作用（见表 10）。

表 10　对政策了解和利用情况

<table>
<tr><th>是否了解行业扶持政策</th><th>频数（家）</th><th>占比（%）</th><th>是否享受过扶持政策</th><th>频数（家）</th><th>占比（%）</th></tr>
<tr><td>十分了解</td><td>17</td><td>10.97</td><td>未享受有关政策</td><td>96</td><td>61.94</td></tr>
<tr><td>比较了解</td><td>25</td><td>16.13</td><td>享受到有关政策，但对企业经营没有明显效果</td><td>11</td><td>7.10</td></tr>
<tr><td>基本了解</td><td>77</td><td>49.68</td><td>享受到有关政策，对企业经营有促进效果</td><td>48</td><td>30.97</td></tr>
<tr><td>不了解</td><td>36</td><td>23.23</td><td rowspan="2">合计</td><td rowspan="2">155</td><td rowspan="2">100.00</td></tr>
<tr><td>合计</td><td>155</td><td>100.00</td></tr>
</table>

企业是否设立分支机构、是否实行员工制等在一定程度上反映了其响应国家政策、捕捉发展机会的情况。在启信宝企业数据查询平台抽取的 4238 家企业中，仅有 26 家登记设立了分支机构，社区网点的建设率和普及率也较低。

进一步访谈发现，大多数家政企业采用传统的中介制经营模式，采用员工制经营模式的企业非常少，也有一小部分家政企业采用“中介制+员工制”的混合形式经营。企业经营形式不同，为员工缴纳社会保险和商业保险的情况也有所差异。企业一般仅为管理人员缴纳社会保险，而为家政服务人员购买雇主责任险、意外伤害险、职业责任险等商业保险，但是整体来看为员工购买保险的比例较低，尤其是社会保险缴纳比例更低。

专利、著作权等备案情况反映出企业的创新能力。在接受调查的4238家企业中，仅有一家企业有1项实用新型专利；5家企业有著作权，3家企业有软件著作权。在注册商标方面，有注册商标的企业58家，商标处于审中状态的22家，而标注了商标信息，但是处于系统未能核实的“未知”状态的5家。

6. 家政企业经营中遇到的困难

对155家家政企业的调研发现，企业面临的普遍困难是业务订单少，家政服务人员流动性强、管理困难，招工难，家政服务人员的专业化水平不高、开展培训比较困难也是企业遇到的普遍难题（见表11）。

表11　家政企业经营中的困难

企业经营中的困难	频数（家）	占比（%）
资金周转困难	52	33.55
招工难，人手短缺	91	58.71
家政服务人员流动性强，管理困难	110	70.97
家政服务人员专业化水平不高，培训困难	88	56.77
难以控制家政从业人员诚信问题	63	40.65
家政服务质量难以标准化，消费纠纷多	39	25.16
税费负担重	10	6.45
业务订单少	123	79.35

对“家政行业要想获得长足发展，需要在哪些方面加以改进”这一问题的调查发现，81.29%的被调查者认为是“提供职业技能培训”，排在第

一位。排第二位的是“加强企业和从业人员信用管理”。整体来看，行业发展缺乏专业化及规范化是企业发展的痛点（见表 12）。

表 12 家政行业需要加强的工作

需要加强的工作	频数（家）	占比（%）
加强行业监管，促进良性竞争	119	76.77
加强企业和从业人员信用管理	123	79.35
完善对优质企业的奖励政策	109	70.32
加大减税降费力度	66	42.58
提供职业技能培训	126	81.29
在办公场所、养老护理、引进高端师资人才等方面给予企业一定的补贴和政策支持	114	73.55
完善家政保险优惠政策、财政金融支持、健全体检体系	106	68.39
加大宣传力度，倡导居民选择正规家政公司	120	77.42
其他	5	3.23
合计	155	100.00

在访谈中，大多被访谈者普遍感受到行业经营环境不够规范，出现“劣币驱逐良币”的情况。这给企业发展带来很大困扰，使规范经营的企业反而发展困难。另外，不少被访谈者有强烈的学习提升需求，主要需要礼仪、文化素养、管理技能、领导力等综合素质提升方面的培训。

三 河北省家政服务企业发展的不足

我国家政服务业发展存在产业化层次较低、市场供需结构失衡、服务质量参差不齐、规范化建设仍需加强、企业数字化改造能力弱等问题①，河北省家政服务业发展的不足突出表现在以下方面。

① 俞华、徐娜：《我国家政服务业发展现状、趋势、问题与对策》，《湖北社会科学》2023 年第 11 期，第 73~81 页。

（一）家政企业整体规模较小，行业发展不规范

家政服务入行门槛较低，起初一间房、一部电话、一个人就可以启动一家家政中介公司。由于家政服务业的经营传统以及中介制家政公司具有运营成本较低的优势，家政服务行业依然以个体工商户等中介制微型组织为主。

有研究发现企业规模和规范化水平在2000年时没有对家政服务业发展产生影响，但是在2010年、2020年时都呈现显著正相关（使用注册资金来衡量企业规模，使用非个体工商户占比来衡量企业规范化水平），这说明家政服务企业规模化、规范化对家政服务业发展的引领带动作用越来越大。[①] 从对河北省家政企业调查的数据来看，个体工商户形式的微型企业占很大比例，家政企业也缺乏较为完善的管理制度，发展规范化程度较低，有效供给明显不足，而真正能够有力带动家政行业高质量发展的规模化、规范化的企业非常少，没有形成产业带动作用。

另外，以中介制为主的家政企业与家政服务员关系松散，信任关系难以确立，也会间接影响雇主对家政服务的信任度和满意度，使得企业呈现出小营收低利润的状况。在市场经济条件下，小微企业抵抗风险能力较弱。在小、散、弱的家政服务市场，往往会出现竞争无序，“劣币驱逐良币”的逆向选择现象。

（二）家政行业专业人才匮乏

家政服务业发展产业化层次较低，服务质量不高，规范化、专业化程度偏低的情况，根本原因在于专业人才匮乏。本次调查发现，河北省家政企业负责人学历以大专和中专为主，共占64.52%左右；年龄处于36岁及以上占比为87.10%，整体年龄偏大。在专业管理人才方面，财务管理、营销管理、人力资源管理等专业管理人才明显不足，而家政服务人员很多也是没有经过培训或者简单培训即上岗，专业化程度较低。值得注意的

---

① 鄢继尧、赵媛、熊筱燕等：《中国家政服务业发展的时空演变特征及影响因素》，《世界地理研究》2024年第3期，第161~174页。

是，家政企业负责人和行业管理人才的素质水平会对企业的发展有重要影响。专业人才匮乏的原因一是人们的既有观念偏见使得现在家政行业不能有效吸引高素质人才的加入；二是高等院校的学历教育尚未与社会需求有效衔接，本科及以上的高学历人才供应不足；三是现有家政从业人员队伍以农村剩余女性劳动力为主，职业认同感低、流动性大。同时从业群体文化基础薄弱，素质提升缓慢，提升空间受限，再加上我国家政市场雇佣关系不稳定，家政服务人员流动性较高的现象非常突出，使企业人才培养也面临较大困难。

（三）企业战略目标不明确，整体管理水平较低

企业内部管理的水平决定企业的可持续发展水平，尽管有许多被调查者认为所在企业管理不专业，但是由于使用的是自评量表，调查结果受赞许行为影响会有偏差。一般规模较小的家政公司普遍经营模式粗放，法律意识淡薄，规避风险的意识和能力缺乏。管理能力和管理经验也会有明显不足，他们多看重短期利益，而在标准化、家政服务人员培训管理、经营模式创新等方面缺乏必要的投入。这在以下方面均有表现，首先被调查企业中不少没有明晰的发展战略，尽管问卷调查中有些企业认为自己所在企业有比较清晰的企业战略，但是我们在访谈中却发现这仅是企业发展的理想目标而非战略。其次在人员管理、财务管理、市场管理、服务管理等方面缺乏专业化的管理方法和手段，企业的信息化水平较低，没能更好地利用互联网来开展相关业务。例如，员工培训培养规划不足，培训工作缺乏科学性、系统性和针对性。在营销管理方面，没有能够紧密结合市场需求、客户获取信息的偏好制订行之有效的营销战略等。整体来看，家政行业企业管理水平偏低，这很大程度上限制了企业的持续发展。

（四）家政服务品牌知名度较低

品牌是企业在市场中树立起来的形象与认知，良好的品牌可以帮助企业树立良好的声誉。企业通过建立以品牌为基础的良好声誉，可以增强客户对企业的信任感和忠诚度，提高销售业绩和市场份额。

在家政行业，家政服务往往是在私人性的环境中开展的，雇主要将自己的日常生活向家政工敞开，并将家庭中的弱势群体（老人或儿童）交由家政工照顾，因而不可避免会对家政工产生防范心理[1]，而只有建立信任才能促进家政服务的交易，才会促进家政服务业的发展。研究发现，雇主对家政工的信任过程经历了从对家政公司的声誉及制度认同到专家话语的信任传递，再到直接互动中由谋算信任至情感信任的三个阶段。[2] 可见家政公司的声誉是信任在雇主和家政工间传递的关键，而服务品牌是企业声誉的重要组成部分，知名度高、形象正面的品牌能够为企业赢得更多信任和好评。

居民对家政服务的需求旺盛，家政服务业市场需求巨大，同时，人们也对家政服务的要求和期待有所提高，但是目前家政服务市场的客户满意度却并不高。这在一定程度上与大多数企业的品牌不够清晰、不够响亮，塑造品牌的能力不足有关。这可以从企业的专利、著作权、注册商标等所反映的创新能力较弱方面有所体现，在当前服务市场十分看重品牌和口碑的情况下，企业没有品牌就相当于没有核心竞争力，这会使得企业后续发展疲软无力。

五　河北省家政服务业高质量发展的路径

小家政，大民生！习近平总书记指出，家政业是朝阳产业，要把这个互利共赢的工作做实做好。国家相继出台了多项政策促进家政业的大力发展，可见家政业正处于快速发展的风口，但这并不意味着所有的家政企业都能在这个风口飞起来。河北省家政行业若想抓住这个腾飞的机会，还需政府、企业以及科研院校广泛合作，发挥资源整合优势，切实促进行业的高质量发展。实现高质量发展的途径之一便是优化家政服务的供给结构、

① 罗君丽：《我国家政服务交易中的信任危机探析》，《内蒙古财经学院学报》2007年第3期，第35~37页。

② 杨慧、黄钰婷：《市场经济条件下的普遍信任何以可能？——以家政服务业中的信任生成与演化为例》，《华东理工大学学报》（社会科学版）2022年第1期，第54~65页。

提高家政服务的供给质量，以满足消费市场日益增长的服务需要。下文主要从企业视角分析促进家政行业高质量发展的可能路径。

（一）紧跟政策引领，分享发展红利

国家的政策支持哪里，哪里就是最大的市场。国家各部门出台了一系列促进家政服务业快速发展的政策文件，例如《国务院办公厅关于促进家政服务业提质扩容的意见》《深化促进家政服务业提质扩容“领跑者”行动三年实施方案（2021—2023年）》《国务院　国家发展改革委关于建立家政服务业信用体系的指导意见》以及每年印发的促进家政服务业提质扩容工作要点等，这些是行业发展的指挥棒和风向标，把握文件的精神是行业可持续发展的基础。同时河北省政府办公厅也印发了《河北省人民政府办公厅关于促进家政服务业高质量发展的实施意见》，提出了推动家政服务连锁化发展、鼓励在已建成住宅小区设立家政服务站点等具体措施。河北省发改委、商务厅等部门也牵头研究制订了相关落实措施，明确了支持家政服务业提质扩容的政策措施和责任分工。国家和地方均在技能培训、社保补贴、财税金融等多个方面对家政企业的发展予以大力支持。但是，遗憾的是，河北省家政企业对政策的敏感度普遍不够，不仅在多个方面距离政策的要求还有很大差距，对激励政策的扶持也没有很好地加以利用，被调查企业中有高达61.94%的企业反馈从未享受过政策扶持。

行业规范化、标准化发展是政策的最大导向。家政行业的不规范主要表现为中介制家政企业占比庞大，家政工缺乏专业技能与职业素养，家庭雇主与家政服务人员未形成有保障的雇佣关系等。这一现象的形成有多方面的原因，例如家政工普遍受教育水平较低、“低人一等”的社会偏见以及家政工作特殊的私人家庭工作场所等。[①]《国务院关于促进服务消费高质量发展的意见》（国发〔2024〕18号）等文件明确指出要“支持员工制家政企业发展”“深化家政服务劳务对接行动，增加家政服务供给”“实施家

---

① 任美娜、刘林平：《农村闲置劳动力家政服务转换及其从业稳定性研究》，《西北农林科技大学学报》（社会科学版）2022年第4期，第109~122页。

政服务员技能升级行动，推进家政服务品牌建设”等。政策核心是引导家政企业管理方式向员工制转变，逐步实现行业正规化。家政企业要尽快完成员工制的转型，这样不仅能够享受国家的政策支持，还会给企业带来先发优势，使企业占据市场领先地位，进而保持持久的竞争优势。河北省环抱京、津两个经济发达的超级城市，具有较好的区位优势，家政服务业的发展要抓住京津冀协同发展的有利时机。需要注意的是，京、津两地不仅对家政服务需求巨大，同时对家政服务的要求也很高，河北省家政企业要针对京、津需求大力拓展家政服务领域，率先推出企业标准，不断提升服务水平，以分享京、津两市的发展红利。河北省应从政府层面尽快扶持一批具有发展潜力，代表性强的企业推动行业集约化、规模化发展，突出特色，擦亮“河北福嫂·燕赵家政”服务品牌，促进家政行业不断做大做强。

“大力发展家政电商、‘互联网+家政’等新业态”是《国务院办公厅关于促进家政服务业提质扩容的意见》中明确提出的发展方向。河北省每年举办一届的中国国际数字经济博览会是国家级展会，数字经济是推动经济发展质量变革、效率变革、动力变革的“加速器”，已成为世界各国竞相发展的新高地。河北省要借助这个优势促进家政实体经济和数字经济深度融合，完善家政服务业体制机制，促进家政服务业与相关产业融合发展。大力推动家政服务业与养老、育幼、物业、快递等服务业融合发展，着力培育以家政专业设备、专用工具、家政智能产品研发制造为支撑的家政服务产业集群。

对于家政行业而言，消费者的信任是行业飞速发展的引擎。然而，从骇人听闻的虐童、虐待老人案件，到令人愤慨的偷窃行为，再到消极怠工、偷工减料、阳奉阴违的欺骗手段，都不断冲击着家政行业的道德底线，由此造成的信任危机对行业发展的根基构成了致命的威胁。《国务院办公厅关于促进家政服务业提质扩容的意见》明确要求建立健全家政服务信用体系，加强守信联合激励和失信联合惩戒。河北省家政行业不仅要加强了对从业人员的培训与教育，提升服务品质，更要通过科技手段，如智能监控、客户评价系统等，实现服务的透明化与可追溯性，还要构建一套行之有效的监管机制，精准识别并预警家政服务中的潜在风险。从恶性事件的预防，到工作欺骗行为的揭露，采取多种创新举措构建严密的信任防护网，以重塑行业信任基石，为行业的发展营造良好环境。

（二）聚焦优势特色，明确发展战略

企业发展战略是面对动态的内外部环境对企业远景的经营思考和经营决策，是企业的经营方针和行动指南。没有战略的企业就像没有舵的船一样只会在原地打转，企业要想获得长足发展，就需要深入分析内外部环境，清晰界定企业宗旨和使命、未来的产品结构和目标市场的发展方向，并对企业各种资源和能力进行最优配置。河北省拥有京、津、冀三大家政市场，市场需求总量巨大，对家政服务的需求差异化也很大。尤其是京、津两地经济发达，高端家政服务需求旺盛，但是调研发现河北省家政企业主营业务仍以传统业务为主，家政服务有效供给不足，高端服务人才缺口大，从业人员素质参差不齐。这不仅不能很好地满足京津高端市场的需求，还会错失大量市场机会。政府各相关部门需要明确筹划河北省家政行业的整体发展战略，指引河北省家政企业错层互补发展，这样不仅能够缓解河北省内企业间同质化的激烈竞争，还能拓宽整体的市场领域，提升整体市场占有率，进而促进全省家政行业的发展再上一个新台阶。

战略管理的目标是企业核心能力的发挥和创造，战略的执行应当是对企业各种资源的综合平衡利用，充分发挥和利用企业所有优势。对于广大家政企业而言要明确发展战略，在把握企业外部发展机会的同时，更要深入分析自己的优势与特色，聚焦行业细分市场，在擅长的领域不断深耕，尽快做到行业的龙头地位。管理大师德鲁克曾说过："没有一家企业可以做所有事情，即使有足够的钱，永远不会有足够的人才。它必须分清楚轻重缓急，最糟糕的是什么事都做，但都只做一点点，这必将一事无成。"

（三）夯实管理内功，激发内生动力

在抓住外部机会和合理利用自身优势的同时，还要培养内生动力，形成核心竞争力，这就需要夯实企业管理的内功。调研发现，不少企业面临

资金周转困难，招工难，人员流动性较高，家政服务人员专业化水平较低、培训提升困难，服务质量标准化程度低、消费纠纷多等情况，抛开外部环境的影响，这些问题产生的根本原因在于公司的管理不够科学，管理水平不够理想。

企业财务管理的主要内容就是对资产的购置，对资本融通和经营中现金流量以及利润分配的管理。企业资金周转困难的主要原因是企业财务管理的水平不能满足企业发展的需要。而招工难、家政服务人员流动性大、专业水平较低、培训困难的主要原因在于人力资源管理的专业性和科学性较差。通过科学的人力资源规划，设计合理的招聘标准，选择合适的招聘途径，可以使得招工难的问题在一定程度上得到缓解。员工的培训管理首先要做好培训需求分析，设计好培训内容，并根据学员情况选择合适的培训内容，同时还要做好培训激励管理。科学合理的员工培训管理能够提升家政人员的专业化水平。据了解，家政行业员工培训工作相对肤浅，培训的内容和方式等的科学化水平还需要不断提升。

河北省的家政企业规模小、实力弱，头部企业的引领作用缺失。主要表现在打造知名品牌的意识缺乏，家政品牌建设力度不够大，这就需要加强企业的市场营销管理工作。另外企业实力不够强，企业规模不够大，缺少专业化管理人才使得企业大多依赖经验管理，内部管理粗放。科学管理、规范经营是企业发展的内生动力，河北省家政企业内部管理水平较低，产品研发乏力，标准化不足，已成为当前制约其做大做强的重要因素。

人才是行业发展最为重要的资源，河北省家政企业要通过各种途径培养家政人才，全面提升家政行业从业人员的素质。河北师范大学拥有家政学本科专业，是全国第一家家政学研究生培养单位，这为河北省家政高端人才的培养提供了坚实基础。另外河北省还有许多职业院校开展家政服务与管理等相关专业的人才培养，这也为全面提升家政行业人员素质提供了有利条件。家政企业要加强与高校的合作，开展家政服务相关专业的教学和研究工作，培养高素质的家政服务人才。要与职业院校以及培训机构建立深度合作关系，共同开展家政服务人员培训项目，提升员工的专业技能和服务水平。通过充分共享高校的科研成果，加大产教融合的力度，提升企业自身的造血功能，实现企业长足发展。家政企业要不断激励员工积极参加素质提升培训、学历教育等，努力提升自身职业素养，全方位提升服务档次。

家政企业还应注重引进先进服务业态、经营技术和管理理念，开发互联网平台，利用现代信息技术开发家政服务互联网平台，提升服务效率和客户体验。针对京津冀庞大的差异化市场需求，推出定制化家政服务，满足不同层次客户的需求。

总之，河北省家政服务企业可以在充分利用国家、省市相关利好政策的同时，通过创新服务模式与技术应用、标准化管理与培训认证、优化人力资源配置、强化品牌建设与市场拓展、推动行业规范化与标准化、深化产教融合与校企合作、提高企业服务运作和管理水平等路径，全面推动家政服务业高质量发展。

（编辑：王永颜）

High-Quality Development Pathways of Domestic Service Industry in Hebei Province

CHEN Weina, *LI Chunhui*

(School of Home Economics, Hebei Normal University,
Shijiazhuang, Hebei 050024, China)

Abstract: The high-quality development of the domestic service industry is crucial for promoting employment, targeted poverty alleviation, and ensuring people's livelihoods. This study employs a mixed-method approach, combining questionnaire surveys, interviews, and open network data analysis to conduct a comprehensive investigation into the development of Hebei's domestic service industry. The findings reveal several key characteristics of the industry in Hebei Province: predominance of small-scale enterprises, non-standardized industry development, shortage of skilled professionals; suboptimal internal management practices, and need for improved service brand awareness. Based on these findings, the study proposes the following recommendations. 1. Domestic service enterprises should capitalize on national policies to leverage development opportunities. 2. Firms should identify and focus on their unique strengths and characteristics to formulate clear development strategies. 3. The industry should prioritize strengthening internal management capabilities and stimulating intrinsic motivation to achieve high-quality development.

Keywords: Domestic Service Industry; High-Quality Development; Development Strategy

劳动阶层家庭子女成长经历的叙事研究

牛一帆[1]　薛彦华[2]

（1. 华中师范大学教育学院，湖北武汉 430079；
2. 河北师范大学教育学院，河北石家庄 050024）

摘　要：本研究采用叙事研究法，以一位来自劳动阶层家庭子女为典型个案，深入探究其成长经历及背后的影响因素。研究发现，劳动阶层家庭子女在家庭中是压抑情感的“乖乖女”、在学校中是专注于学业的“好学生”、在求学过程中是迷茫与自主探索的个体，具有在顺从中压抑自我、在冲突中唤醒自我、在教育中提升自我的成长特征。其成长与家庭因素，如劳动阶层父母角色失衡、教育期望的表达与强化、顺其自然的养育方式密切相关，也与社会、学校因素密切联系。建议劳动阶层父母明确责任，与时俱进，各级学校助力劳动阶层家长和学生实现良性发展，社会进一步推行减负，完善资源分配，提供优质的家庭教育指导。

关键词：劳动阶层家庭；成长经历；叙事研究

作者简介：牛一帆，华中师范大学教育学院教育学原理专业硕士研究生，主要研究方向为教育基本理论；薛彦华，河北师范大学教育学院教授，主要研究方向为教育基本理论、教育社会学。

一　问题的提出

劳动阶层指通过劳动获得生存保障，拥有生活必需品，但缺乏享受和发展自由的社会群体。该群体既不像贫困阶层那样缺乏基本生活保障，也不像中产阶层或上层阶层那样拥有较多的社会资源和自由，他们往往处于社会经济的较低层次，面临着较大的生活压力和不确定性。在就业竞争日益激烈、教育“内卷”的现实背景下，来自劳动阶层家庭的子女能接受高等教育并取得学业成功，自然有其原因，成长经历就是其中一个重要因素。

已有研究试图揭示底层子女的成长经历。如周新成采用半结构化访谈和网络民族志的方法，发现普通家庭出身的大学生将读书作为唯一目标，对自我、家庭阶层和社会没有清晰的认知，一旦进入大学，在自我探寻、社会交往、发展规划等方面产生迷茫，因与身边外出务工、结婚生子的同辈群体渐行渐远而感到孤独。① 程猛等发现底层子女往往勤奋自律，达到一种“极端的苦修”，而这种苦修往往会导致个体极端的片面发展，他们容易在正常的人际和娱乐活动中感到不安，在情窦初开中品尝自卑，在对成绩的焦虑和对成功的渴望中忘记生活本身，陷入自我压抑，甚至走上“成功与幸福相对立”的道路。② 程猛、康永久认为底层家庭对经济问题的讨论是公开且频繁的，底层家庭出身的子女对钱更敏感，省钱成为其固有习惯。③ 张巧通过访谈法呈现农村家庭第一代女大学生的教育经历，她们有强烈的家庭责任感，依赖性与独立性并存、自尊与自卑并存，感谢教育带给自己的改变；在学业支持上，父母在观念上支持却疏于行为指导，教师和朋辈影响较大。④

已有研究还通过量化研究或质性研究的方式分析影响底层子女获得高学业成就的因素。如侯景怡等采用2018年中国家庭追踪调查（CFPS）数据进行实证检验，发现家庭资本对子代教育获得有显著正向影响，其中文化资本的影响最大；家庭资本可以通过家庭教育投入对子代教育获得产生

① 周新成：《家庭教养模式、流动距离与“小镇做题家”心态的生成》，《中国青年研究》2023年第10期。

② 程猛、史薇、沈子仪：《文化穿梭与感情定向——对进入精英大学的农家子弟情感体验的研究》，《中国青年研究》2019年第7期。

③ 程猛、康永久：《“物或损之而益”——关于底层文化资本的另一种言说》，《清华大学教育研究》2016年第4期。

④ 张巧：《农村家庭第一代女大学生教育经历的叙事研究——基于12个个案的深度访谈》，硕士学位论文，华中师范大学，2020。

影响。[①] 王金娜、张迎认为劳动阶层家长的教育参与和个体对家庭资本的转化会影响子女的学业成就。[②] 朱德全、曹渡帆认为农村大学生获得高学业成就的关键在于与场域建构良好的互动关系、通过自我决策躲过危机、融入大学团体文化。[③]

已有研究认为劳动阶层家庭子女获得更好发展的影响因素主要有社会、家庭、学校、个体等。如孙贺群指出“寒门再难出贵子”的社会心理背后，反映出人们对于教育资源分配不均的失望，对阶层固化的担忧，以及对教育公平和社会公平的期待，因此，政府为底层家庭子女提供补偿教育，是防止阶层固化的有效措施之一。[④] 肖国超等认为社会应重视教育促进阶层流动的中介作用，消除城乡和阶层教育机会差异，底层家庭要培养子女的抗逆力，寒门子弟应化先赋性弱势为先赋性动力，积极发挥主观能动性，认同知识的价值。[⑤]

综上所述，国内学者注重结合中国语境来丰富劳动阶层子女的研究，既看到了其生存困境的社会结构性因素，也强调了个体主观能动性的作用。从研究对象看，当前的研究对象多是家庭常住地在农村、本科阶段升入精英类大学（“985”“211”高校）的农家子弟，较少聚焦那些家庭常住地在县城，升入普通本科院校的劳动阶层子女的特征。从研究的内容看，已有研究多聚焦于劳动阶层子女某一方面的经历，较少关注他们的整体成长经历。基于以上分析，本文选取一位家庭常住地在县城、升入普通本科院校的劳动阶层家庭的子女作为研究对象，关注劳动阶层的家庭经验对子女成长的复杂意义，并深入探索背后隐藏的教育和社会问题。

---

① 侯景怡、张建平、葛扬等：《家庭资本与教育投入对子代教育获得的影响研究》，《高校教育管理》2023 年第 5 期。

② 王金娜、张迎：《转化性成长：劳动家庭子女学业成功的密码——基于家长参与的视角》，《当代青年研究》2022 年第 1 期。

③ 朱德全、曹渡帆：《高等教育场域“底层文化资本”是否可行？——基于对农村籍大学生学业生涯的质性分析》，《河北师范大学学报》（教育科学版）2022 年第 2 期。

④ 孙贺群：《共同的阶层上升希望与不同的育儿困境：城市新中产与劳动家庭教养方式对比的质性研究》，《少年儿童研究》2022 年第 7 期。

⑤ 肖国超、蔡文伯：《寒门子弟向上流动的驱动力——一个农村“80 后”阶层突围者的自我民族志》，《教育与教学研究》2024 年第 6 期。

二　研究设计

（一）研究思路

首先，选择一位来自劳动阶层家庭的子女，描摹其已有的成长经历；其次，从成长经历中进一步总结特征；最后，从家庭、社会、学校等角度重点分析呈现这样成长经历的原因，在此基础上进行讨论和反思，并为劳动阶层家庭的子女提出成长建议。

（二）研究对象的选择及情况介绍

本文将研究对象明确为家庭常住地在县城，父母未接受过高等教育，且在求学中感受到劳动阶层家庭教育对自我成长影响的在校本科大学生。本研究按照目的性、方便性原则，选取了符合本次研究主题的个案研究对象——晴晴（已作匿名化处理）。晴晴父母均在县城工作，父亲是当地酿酒厂的职工，母亲是超市售货员，家庭年总收入并不高。晴晴是出生于农村的“零零后”，在农村读幼儿园，后随父母定居县城，在县城读小学、初中和高中，本科阶段在当地省会就读。回顾晴晴已有的成长经历，我们发现晴晴是一位要强、对自我要求较高、不断追求自我成长的女孩。

（三）研究过程与方法

本研究试图分析一位成长于劳动阶层家庭子女的个人叙事，尝试描绘其成长经历，总结其成长特征，探究影响其成长经历的要素。在研究方法上，采用叙事研究范式，即让研究对象自己讲述故事，研究者将研究对象所讲述的故事加以梳理、归类和分析，进而完整和生动地呈现研究对象的生活史。[1] 采用的文本资料来源于某师范大学师范生在《教育社会学》专业课中所撰写的个人成长自传。最后，采用以色列研究者利布里奇

① 陈向明：《质的研究方法与社会科学研究》，教育科学出版社，2000，第288页。

(Libelich) 所提出的叙事文本分析的整体—内容分析法[①]，寻找故事反复出现的主题，勾勒出一个完整立体的叙事自我。本文聚焦劳动阶层家庭子女所叙述的成长故事，在整体把握故事的基础上，建立一个劳动阶层家庭子女的形象，并探究个体成长与家庭、社会、学校之间的关系。

三　个体成长经历描摹

美国学者查尔斯·扎斯特罗（Charles H. Zastrow）提出生态系统理论，认为个人的生存环境是一个完整的生态系统，人是在环境中与各种系统持续互动的主体。人的社会生态系统可分为微观、中观和宏观三个系统。其中，微观系统是指处在社会生态环境中的个人，个人既是一种生物的社会系统类型，更是一种社会的、心理的社会系统类型；中观系统是指小规模群体，包括家庭或其他社会群体；宏观系统则是指比小规模群体更大的文化、社区等。[②] 这三个系统相互联系，密不可分，共同作用于发展中的个体。在与各生态系统进行持续互动的过程中，个体成长经历逐渐充实与丰富。

（一）父母角色失衡与听话懂事的"乖乖女"

晴晴在与家人的相处中，扮演着听话懂事的"乖乖女"角色，尤其是面对情绪不稳定、脾气暴躁、常常发火的父亲，内心煎熬，对父亲有着爱恨交织的情感，无法和父亲进行深入交流，逐渐封闭自我，不愿和父亲沟通，导致亲子关系变得淡薄。

2012 年，网传有世界末日，我当时不懂谣言，偷偷哭，父亲看到后很

① 〔以〕艾米娅·利布里奇、里弗卡·图沃-玛沙奇、塔玛·奇尔波：《叙事研究：阅读、分析和诠释》，王红艳译，重庆大学出版社，2008，第 77~78 页。

② 师海玲、范燕宁：《社会生态系统理论阐释下的人类行为与社会环境——2004 年查尔斯·扎斯特罗关于人类行为与社会环境的新探讨》，《首都师范大学学报》（社会科学版）2005 年第 4 期。

生气，说："你看看你这个鬼样子！你就该死！"初中是住宿制，父亲每周五接我回家。有一次，他临时有事，就让我在校门口等，我最后等到的不是："对不起，我来晚了。"而是："你怎么这么笨，爸爸没来接你，你不会找别人吗！"2020年暴发疫情，在家上网课、考试，考完就出成绩，父母可以在手机上看到成绩，有一次我的成绩从班级前5名排到21名，父亲得知后，暗地里和母亲说："看看她考成了什么样！还能考上大学吗！"我一个人在房间流泪，我不敢对他说："凭什么不问我成绩下降的原因而是指责我！"……父亲像随时会爆炸的炸弹，时不时发火。

父亲的脾气暴躁受代际、社会阶层的影响。一方面，不良情绪会进行代际传递，晴晴父亲继承了父辈的性格："在我的记忆里，爷爷就是一个爱发脾气、很情绪化的人，父亲也因此受影响。"另一方面，父亲的暴躁与自身所处的社会阶层紧密相关，伯恩斯坦（Basil Bernstein）指出：上层阶级多使用精致性的编码语言，而劳动阶层多使用限制性、粗糙的编码语言，精致性编码采用理性的方式，而限制性编码带有隐喻意味。[①] 处于劳动阶层的父亲从事体力劳动，在工作中常常唯唯诺诺地听从其他人的安排，而且未接受过高等教育的父亲，尚未意识到子女心理健康的重要性，不了解教育学、心理学等科学的理论知识，没有能力帮助子女进行情绪的表达和疏导，在言语互动中倾向于使用权威性、命令性的限制性编码语言，要求孩子服从自己的指令，过于注重单方面传递信息，忽略了子女在求学过程中的不良情绪反应和情感压力，过度关注学业成绩的同时难以兼顾个人的身心发展。[②] 这会导致亲子之间难以建立平等的关系，可能会让子女形成敏感谨慎的性格特点，变成晴晴所说的"乖乖女"，也可能会让子女继承父母的性格脾气，影响子女的人际关系。

父亲的暴躁还源于对家庭角色的过度扮演。晴晴父母都是初中学历，

---

① 〔英〕巴兹尔·伯恩斯坦：《社会阶级、语言与社会化》，载张人杰主编《国外教育社会学基本文选》，华东师范大学出版社，1989，第406~411页。

② 熊和妮、王晓芳：《劳动阶层家庭语言的教育力量——基于农村大学生的叙事分析》，《贵州师范大学学报》（社会科学版）2018年第5期。

在一定程度上缺乏科学的教育理念，而且长期处于劳动阶层社会圈内，很少接触中上阶层家庭父母的教育方式，不懂得在家庭教育中各自应该扮演怎样的角色、承担怎样的责任。借助社会结构论有关家庭权力结构、性别角色结构和经济地位结构的不平等结构的论述来看，晴晴父母双方处于不平等的地位。在经济地位上，父亲承担了更多赡养家庭的责任，在性别角色上，父母二人角色混乱，父亲出现角色“越位”，在外工作，回到家又要包揽家中的大小事务，像“老黄牛”一般奉献，在这种情况下，母亲开始进行角色“退让”，承担较少的家庭事务和教育子女的责任。最终，面对工作和家庭的双重压力，在经济地位上的绝对优势和在性别角色上的过度扮演赋予了父亲“至高无上”的家庭权力，父亲作为高位权力主体，脾气暴躁，实属正常。然而基于结构功能主义视角的社会化理论强调家庭是孩子社会化的重要机构，每个成员都有其独特的功能，父亲和母亲在抚养孩子的过程中应该扮演不同的角色，费孝通先生认为，母亲提供生理性抚育、父亲提供社会性抚育，最利于孩子健康成长。[①] 我们需要反思的是父母角色失衡在很大程度上并不利于子女健康成长，虽然父亲常常关注晴晴的衣食起居，承担起母亲的部分责任，但角色越位的背后隐藏着父亲内心的不满，长久压抑的不满终究要找到一种方式来疏解，脾气暴躁、语言暴力和向孩子诉苦就成为表现不满的方式，这也就出现了晴晴所说的“经常面对父亲的阴阳怪气和大发雷霆”，晴晴像“小大人”一样扮演了本不属于自己的角色，隐藏自我，承接父亲的情绪，在遇到情感和心理问题时，晴晴不会也不敢寻求父亲的帮助，更难以从母亲那里获得安慰，不知不觉地在自己与父母之间垒起一堵墙，隔绝了彼此的情感联结。墙内墙外的双方都会感到痛苦，晴晴会因为得不到理解、难以表露真实的情感而痛苦，父母也会因为晴晴封闭内心，什么都不愿和自己说而苦恼。

（二）教育期望与专注于学业的“好学生”

晴晴背负着劳动阶层父母沉重的教育期望，在这种教育期望的影响

---

① 费孝通：《乡土中国·生育制度》，北京大学出版社，1998，第192~193页。

下，晴晴专注于学业，无形之中承担着过重的学业压力。

父母没上过高中和大学，在我上初中之后就不怎么再去参与我的学习，转而开始唠叨，希望我好好上学，找个好工作。他们总是把“爸爸妈妈没本事，就是给别人打工的，你要好好学习，走出小县城，找个好工作”“爸爸妈妈这么辛苦，都是为了你”挂在嘴边，这两句话听得我现在耳朵都起茧子了，我理解他们的不容易，所以这么多年来我一直做一个“好孩子”，但我却十分厌烦他们说的那些话，因为它们无形之中给了我很大的压力。

教育期望是父母对孩子的成长模式和发展前景的一种内心期望和等待。有关研究表明，父母经济地位和教育程度越高，对子女的教育期望越高。[①] 对晴晴而言，她的父母是劳动阶层，经济地位和文化程度均不高，根据对社会竞争和学历贬值现象的观察，意识到教育的重要性，对晴晴赋予了期望并在日常生活中通过语言等方式来频繁表达期望，通过表露自己工作之不易来强化期望，通过为孩子提供经济支持的方式保障教育期望得以实现。父母出于对晴晴的爱，希望晴晴接受更好的教育，父母受教育水平不高，不了解教育和知识的内在价值和意义，认为求学的最终目的是找到好工作，他们更加关注教育的功利价值，而不是关注教育能让个体的人格更加完整，使人生更有意义，这体现出劳动阶层父母的教育期望既带有亲子间的情感烙印，也受现实因素的影响，而这又与家庭经济背景、文化背景和社会背景紧密相关。劳动阶层家庭的子女通过父母的日常语言和行为表现，逐渐认识到父母的教育期望是什么，并做出相应行动，试图形成父母所期望的自我。晴晴从小认真努力，被认为是“好孩子”“好学生”，是一块“读书的料”，并频频被长辈看作正面教材和榜样，在父母和亲戚们“以爱之名”的期望下，晴晴一方面专注于学业，保持着一定的学业水

① 刘保中、张月云、李建新：《家庭社会经济地位与青少年教育期望：父母参与的中介作用》，《北京大学教育评论》2015年第3期。

平，另一方面面对周围人的目光，也在无形中背负上心理压力，不得不努力前行。

我在学校认真踏实，是默默无闻的学习者。我在班级里的排名靠前，所以各科老师比较关注我。我和同学们的关系不错，在他们眼里，我是好学生。初中英语老师在我的本子上写“to be No.1”，语文老师夸我文笔好。虽然我的数学不怎么好，数学老师让我当课代表，以此督促我学习。高中班主任幽默风趣，时刻关注我的学习状态，总能在我需要帮助时耐心引导我。我以“好学生”为标签，不许自己犯错，那会令我感到羞耻。我做事认真、追求完美，在意排名，不想让大家失望。除了学习，我不关注其他的，没有什么兴趣爱好，挺无趣的。

晴晴不错的学业成绩和遵规守纪让她在基础教育阶段得到老师、同学们的关注和喜欢。晴晴遇到了几位很好的老师，他们善于发现晴晴的优点，恰当引导并严格要求晴晴，帮助晴晴保持了较好的学业水平。当老师、同学们都认为晴晴是好学生时，晴晴也逐渐将这个身份内化，严格要求自己。“好学生”的标签，既让晴晴保持了较好的学业成绩，也让晴晴不敢真正放松，时常感到焦虑。

（三）顺其自然的养育方式与求学过程中的个体迷茫及自主探索

父母在晴晴的成长前期还能给予一定的学业支持，但后期采取顺其自然的养育方式，表现为经济支持增多、学习参与减少。处于劳动阶层的父母虽在经济资本上处于劣势，但肯为教育“投资”，用一定的经济资本换取学习资料、学习场所，在学费、生活费等方面提供经济支持，减少了晴晴求学过程中对家庭经济的后顾之忧。“在求学过程中，很多决定都是我做的，父母会说：‘学习上的事情，爸爸妈妈也不懂，我们提供钱，剩下的，你自己做决定就好了。’”在学习参与上，父母受学历限制，缺少制度化文化资本，参与教育的能力逐渐降低，坦言自己的无力，开始采用顺其自然的养育方式，采取督促的方式参与子女的学习，然而这种督促只是表面化的，父母往往只是告诉子女要努力学习，却无法提供科学的学习方法和经验指导，在高考报志愿时也难以通过社会关系网了解较多高校专业和就业信息，不了解大学场域规则。顺其自然的养育方式给了晴晴自由发展的空间、自主选择学业道路的权利，也让晴晴在大学的专业选择上出现迷茫，没有提前规划的意识，只能顺其自然，走一步看一步，她想要取得学业成就似乎要凭“顺其自然的造化”，让晴晴自主寻求资源支持，学着为自己的人生负责，学会独立。

在大学二年级，我产生了专业迷茫，我不知道该如何选择，后来我去和专业课老师交流，老师对我影响很大的一句话是：“当你感到迷茫的时候，就去做，去探索，看看你是否真正喜欢。”我听了老师的话，在接下来的时间里积极参加比赛，用心探索和反思，逐渐了解专业。还有很多同学、学长学姐们，在我迷茫的时候给予了我很多帮助。

我在每一节课、每一场讲座中，逐渐看到知识的魅力，我羡慕那些青年学者做讲座时侃侃而谈、闪闪发光的样子。教育让我拥有更高的视野，对女性来说，本科毕业后在县城找个工作，结婚、生子，这样的人生似乎也说得过去。但接受过高等教育的人，对高学历和光怪陆离的世界怀有向往，想站在更高平台去看看所谓的“上流”社会。

格兰诺维特（Granovetter）根据时间跨度、情感强度等不同组合，把关系区分为强关系和弱关系。[①] 强关系指的是在其从小到大的生命历程中和他们具有血缘联系、时空紧密联结的家庭内关系，而弱关系则指与他们非血缘关系、时空联系较弱的家庭外关系。随着学业生涯的深入，晴晴以家庭为主的强关系逐渐减弱，随之而来的是能带来强互动优势的弱关系。当父母苦于家庭文化资本的匮乏，无法在学业上提供支持与指导时，个体是否能够恰当运用身边的教育资源成为影响个体成长的关键因素。教师、

① Granovetter M. S.，“The Strength of Weak Ties: A Network Theory Revisited,” *Sociological Theory*, 1983, 1 (6), pp. 201-233.

同学能够帮助个体丰富学习经历、累积文化资本，影响着个体的学科认同及人生道路的选择。同时，高等教育也拓展了晴晴的视野，冲击了旧的自我，为她打开了一个新的世界，让她看到了人生的多种可能。

四 结论与讨论

（一）结论

首先，通过对晴晴的成长经历进行深描发现，晴晴在家庭中是“乖乖女”，在学校内是专注于学业的“好学生”，在求学过程中是迷茫、探索和反思的个体。更进一步透视其成长经历，晴晴在家庭里顺从父母给予的努力学习的期望，压抑自我情感，承接着父母的情绪，在学校里专注于学业，压抑兴趣爱好；在面对学业、家庭冲突和影响时，逐渐能够思考自我和家庭的关系；伴随着受教育水平的不断提高，晴晴能够改变不成熟的认知，站在更高的视野看待家庭，在教育中寻求个人成长。其整个成长历程体现了“在顺从中压抑自我、在冲突中唤醒自我、在教育中提升自我”的特征。

其次，在深描过程中发现个人成长经历与家庭、学校、社会因素有着紧密联系。从家庭因素看，晴晴的成长经历受父母角色、教育期望、教养方式的影响。第一，父亲在代际、社会阶层和家庭角色影响下，性格暴躁，父母不懂得如何和孩子进行良性沟通，使晴晴逐渐封闭自我，形成敏感谨慎的性格特点，成为“乖乖女”。第二，劳动阶层父母观察到社会竞争和学历贬值现象，认识到教育的价值，希望孩子能获得更高的学历，为找工作奠定基础，给予孩子饱含爱也充满现实的教育期望并频繁表达和强化，这种期望与家庭经济背景、文化背景和社会背景紧密相关；亲戚的夸赞也在无形中给晴晴带来不少心理压力，使她不得不专注于学业，保持“好学生”形象。第三，父母教养方式的改变也对晴晴产生了影响。晴晴父母起初采取专制型教养方式，一方面使晴晴不受身边诱惑、养成良好的学习习惯，另一方面忽视了晴晴的一部分情感需求；在晴晴成长后期父母苦于制度化家庭文化资本的匮乏，采取顺其自然的养育方式，表现为经济支持增多、学习参与减少，这减少了晴晴求学过程中对家庭经济的担忧，给予了晴晴自由自主成长的空间，但也让她难以获得父母的经验指导。

从学校因素来看，以高考为指挥棒的基础学校教育使得众多学生不被允许或期待做任何和分数完全无关的事，这些学生往往承担着责任、需要做出延迟满足和牺牲。这些习性很有可能会抵消现代性对感官愉悦和自我扩张的着迷[①]，让学生在日常学习中丧失了部分生活乐趣，更缺少了主动追求知识带来的愉悦感和满足感，导致内部学习动力不足。同时，基础学校教育在引导学生确立生涯目标、制定生涯规划方面存在明显不足，难以真正帮助校内学生了解外部社会发展环境、了解自我特征、了解专业和职业，使得学生在刚刚进入大学阶段会出现迷茫的心理状态；而高等教育学校未提供给劳动阶层家庭子女及时有效的学业和心理指导，使得学生在入学之初难以改变原有的学习模式，也并不明晰未来之路。

从整个社会因素来看，当前我国经济、文化快速发展的同时，也面临着不断加剧的个人层面的焦虑，从当下“内卷”（群体内部争夺有限资源而导致投入与产出严重不成比例，是一种低效率的过度竞争）一词的广泛流行可以窥见社会层面的集体精神焦虑。[②] 面对日益加快的社会节奏和有限的社会资源，缺少家庭经济资本与文化资本的青年人只能被迫踏入“内卷”旋涡，又在“寒门出贵子”意识影响下积极主动参与竞争，遵循社会所认可的升学路径，渴望实现阶层跃升。由此，劳动阶层家庭在层层链条反应下，不得不做出积极调适，努力满足学校要求、适应整个社会环境，与“教育改变命运”的传统观念一起，共同塑造着个体的成长经历。

最后，处在社会生态环境中的个人是不可忽视的重要因素，因为成长经历虽然由外界环境因素所塑造，但个体本身才是其生命经历的主体和真实的体验者。透过晴晴的叙事，我们可以看到，她在觉察和探索社会环境的过程中调节成长方向，在要强、追求成长的人格影响下坚定成长方向，

---

① 程猛、海子奕：《文化生产视野下的高考与现代性际遇——以保罗·威利斯〈在中国寻觅现代性踪迹〉为中心的考察》，《民族教育研究》2022第4期。

② 陈清艳、熊韦锐：《内卷是一种从众吗？——内卷的心理机制及其与从众的关系》，《山西高等学校社会科学学报》2024年第2期。

在接受教育和自我反思中提升认知，在教师和同伴的助力下发挥主观能动性，把握命运的节奏，主动破除成长壁垒、累积文化资本。

（二）讨论

回顾晴晴的成长经历，可以发现，专注于学业的“好学生”“乖乖女”，迷茫和自主探索的体验，与劳动阶层家庭有着密切联系，而这些又与社会结构、学校教育一起，共同编织着晴晴的成长图景。范梅南在《生活体验研究：人文科学视野中的教育学》中说：“我们需要在生活世界的方方面面去寻找生活体验的原材料，并对之进行反省和检查。”[①] 我们应意识到所有对经历的回忆、思考、描述、访谈录音或谈话记录，都是对经历的转化，这些被转化了的生活是饱含意义的，我们通过“社会学的想象力”去探索这些意义，将个体在生活体验中的“困扰”上升到“公共议题”，这便是教育社会学研究的意义。[②] 个体的成长经历是其生活体验的原材料，可以作为一面镜子，透视个人与结构之间的关系，彰显个体发展的阶层独特性。

阶层期望赋予个体学习动机。学习动机是“激发并维持个体进行学习活动，导致其行为朝向一定学习目标的内在过程或内部心理状态，反映了个体进行学习的需要”[③]。20 世纪 80 年代，美国心理学家德西（Deci E. L.）和瑞安（Ryan R. M.）将动机分为外在动机和内在动机，内在动机伴随充分的个人意志和选择，而外在动机则伴随外界压力及被外界要求的体验。[④] 在“教育改变命运”的传统观念下，劳动阶层家庭看到的往往是教育的功利性价值，希望以更高的学历换取更好的职业待遇，将文化资本顺利转化成经济资本，此时教育的工具性被强化，凸显了以职业发展为导向的外部动机，随之而来的是个体内部学习动机的逐渐衰退。对于劳动阶

① 〔加〕马克斯·范梅南：《生活体验研究——人文科学视野中的教育学》，教育科学出版社，2003，第 65 页。

② 程猛：《教育社会学研究的生活体验之维》，《中国德育》2023 年第 9 期。

③ 张雪莲、高玲：《学习动机及其相关研究》，《教育理论与实践》2009 年第 18 期。

④ Ryan R. M. , & Deci E. L. , “Self-determination Theory and the Facilitation of Intrinsic Motivation, Social Development, and Well-being,” *American Psychologist*, 2000, 55 (1), pp. 68-78.

层父母而言，他们赋予子女的教育期望带有更为强烈的功利性价值，却忽视了教育对个体的内在成长意义，窄化了知识和个体发展间的关系。而劳动阶层家庭子女在潜移默化中受外界不断催化的就业焦虑和父母教育期望的影响，难以科学理性地审视教育、审视知识。在基础教育阶段，劳动阶层家庭的子女顺从父母和老师常说的“好好学习”的教导，努力保持学业成绩，而在高等教育阶段，父母和老师的“不经常在场”让个体瞬时丧失了外部推动力，从而顿感迷茫，此时缺少了对知识的喜欢或热爱为导向的内部学习动机会让个体选择一味地顺应内卷潮流，从而在精神上倍感压力，此时高等教育能否充分激发个体的内部学习动机，劳动阶层外的社会关系（如教师、朋辈等）能否助力个体发展，以及个体是否能认识到教育的非功利性价值、利用高等教育资源促进自身成长，显得尤为重要。

阶层语言限制亲子关系的建立。通过对晴晴成长经历的回顾与分析，可以发现阶层语言对个体成长存在不利影响。劳动阶层家庭的父母在外往往从事服从性工作，在与子女进行日常交流和互动时倾向于使用权威性、命令性的限制性编码语言，这些语言往往会深深刺痛子女的内心，进而在无形中影响着良性亲子关系的建立。同时，劳动阶层家庭在经济资本层面的匮乏促使其保持以生存为主的思维模式、注重维持整体家庭的延续和发展，父母不辞辛苦、努力工作的意义在于为子女提供物质生活保障，为子女向上求学保驾护航，“爸爸妈妈这么辛苦，都是为了你”凸显了中国劳动阶层父母的“牺牲精神”，在这种精神和自身学历的影响下，劳动阶层父母更可能难以具备科学的教育理念，在家庭生活中往往不会在子女的身心健康和情感需求层面给予过多关注。

值得注意的是，社会环境和学校教育进一步赋予了个体发展的阶层独特性。劳动阶层父母基于自身体验，在洞察到学历贬值、就业困难的社会现象后，给予子女现实型的教育期望并在日常生活中进行频繁地表达和强化，与此同时，以高考为指挥棒的学校教育也在不断地向家庭“施压”，进一步加剧父母的教育焦虑，这种焦虑又会传递给子女，推动其尽力保持学业水平的同时也不可避免地给其带来心理负担和压力。家庭本应是父母进行家庭教育，是个体在学习之余进行放松、获得安慰的地方，而非传递压力的场所，2021 年 10 月 23 日颁布的《中华人民共和国家庭教育促进法》规定：家庭教育应是父母或者其他监护人为促进子女全面健康成长，对其实施的道德品质、身体素质、生活技能、文化修养、行为习惯等方面的培育、引导和影响。社会、学校、家庭在育人目标上的一致性，赋予了三方协同育人的现实可能性，然而依然不可忽视家庭教育本身的特性。

五　劳动阶层子女成长建议

通过对劳动阶层家庭子女成长经历的叙事研究发现，个体成长经历与家庭、学校和社会系统紧密相关。因此，为了更好地促进劳动阶层家庭子女的成长，需要家庭、学校、社会层面的支持，同时，也需要个体在觉察和探索社会环境的过程中自觉调节成长方向，在接受教育的过程中不断提升认知、反思家庭教育带来的影响，努力克服原生阶层家庭教育的劣势，自主寻求多元路径以促进自身发展。

首先，劳动阶层父母明确责任，与时俱进。劳动阶层父母要明确双方承担的家庭责任，了解子女的脾气秉性，适当调整表达教育期望的频率和时机，避免让子女背负沉重的心理压力。在基础教育阶段，父母应注重自身的榜样示范作用，向子女传递认真勤恳的精神特质，在潜移默化中影响子女，引导其形成良好的学习态度和做事习惯。当子女进入高等教育阶段后，劳动阶层父母可以适当“放手”，在学习环境、生活保障等方面提供力所能及的支持。同时，劳动阶层父母可在工作之余通过浏览互联网、阅读书籍等途径，了解一些科学的育儿知识和基本的沟通技巧，理解子女在不同时期的心理特点和成长需求，引导子女加强沟通，关照子女的情感世界。

其次，各级学校助力劳动阶层家长和学生实现良性发展。基础教育学校应定期开设生涯课程和生涯活动，引导来自劳动阶层家庭的子女了解自我，了解专业和职业，根据外部环境和自我追求，逐步确立人生目标、做好生涯规划。高等教育学校要给予劳动阶层子女一定的关注，注重激发劳动阶层子女学习的内在动机，帮助他们融入大学运行系统，弱化家庭教育的不利影响，促进其主动利用学校资源，进而生成丰富的学习经历、累积文化资本[1]，为学生未来的长远发展奠定基础；学校还可以为劳动阶层子女提供必要的学业指导和心理健康辅导，帮助他们打破信息差、解决学业困难、形成正确认知，提升其自信水平，引导其寻求个人全面成长和发展。

再次，社会应进一步推行减负，完善资源分配，提供优质的家庭教育指导。进一步推进教育减负，着力改善“内卷”现象，恢复教育生态，让教育回归“初心”；要在教育资源的公平分配上持续努力，缓解劳动阶层家庭对于阶层固化的担忧，在经济、文化资源上给予其关怀和帮助；鼓励高校和其他社会群体对劳动阶层家庭教育的成功经验进行系统的研究、梳理与总结，在此基础上形成劳动阶层的集体经验和集体文化[2]，为更多劳动阶层家庭教育提供经验指导；可以开放线上、线下公益性教育课程，帮助劳动阶层父母学习科学的养育方法，构建健康和谐的家庭关系。

最后，来自劳动阶层家庭的子女应尽早探索自我，提升自己。劳动阶层家庭的子女要看到家庭对自身发展的支持与局限，客观看待当前的社会“内卷”现象，坚守本心，寻找适合自我发展的人生道路，把握个体发展与社会发展间的动态平衡；在日常学习和生活中学会利用网络来拓宽眼界，充分借助高等教育提供的各类资源，在学校组织的各项活动中锻炼自己、提升能力，善于与朋辈、老师进行沟通，建立良好人际关系；要有反思意识，改变“学习是义务”的心理，建立目标导向，培养学习内驱力，将外部学习动机逐渐转变为内部学习动机；积极主动地寻求老师、同学的帮助，注重身边强互动优势的弱关系，成为弱关系互动的受益者。[3]

（编辑：王艳芝）

---

① 周菲：《家庭背景如何影响大学生的学习经历》，《高等教育研究》2016年第7期。

② 熊和妮：《家庭教育“中产阶层化”及其对劳动阶层的影响》，《教育理论与实践》2017年第7期。

③ 朱德全、曹渡帆：《高等教育场域“底层文化资本”是否可行？——基于对农村籍大学生学业生涯的质性分析》，《河北师范大学学报》（教育科学版）2022年第2期。

A Narrative Study on the Growth Experiences of Children from Working-Class Families

NIU Yifan[1], *XUE Yanhua*[2]

(1. School of Education, Central China Normal University, Wuhan, Hubei 430079, China; 2. College of Education, Hebei Normal University, Shijiazhuang, Hebei 050024, China)

Abstract: This qualitative study employs narrative research methodology to examine the growth experiences of children from working-class families. Through an in-depth analysis of a typical case, the research explores the subject's developmental journey and the factors influencing it. The findings reveal that the child from a working-class family exhibits multifaceted identities, a "good girl" who suppresses emotions within the family context, a "good student" who prioritizes academic performance in the school environment, and an individual navigating confusion while independently exploring the learning process. The study identifies three key characteristics in the child's growth trajectory: self-suppression in obedience, self-awakening through conflict, and self-improvement through education. These developmental patterns are closely associated with various factors. Family Factors include imbalanced roles of working-class parents, expression and reinforcement of educational expectations, and a laissez-faire parenting style. They are also closely associated with social and school factors. Based on these findings, the study proposes the following recommendations. 1. Working-class parents should clarify their responsibilities and adapt to contemporary parenting demands. 2. Educational institutions at all levels should support the holistic development of working-class parents and students. 3. Society should implement measures to reduce burdens, improve resource allocation, and provide high-quality family education guidance.

Keywords: Working-Class Family; Growth Experience; Narrative Study

促进幼儿自信心养成的家庭教育指导策略

——以安次二幼红苗教育实践为例

万立勇　赵文雅

（廊坊市安次区第二幼儿园，河北廊坊 065000）

摘　要：本文探讨了家庭教育指导对幼儿自信心养成的深远影响，指出幼儿园应对家长进行有效的家庭教育指导，促进幼儿各项素质全面发展。介绍了安次二幼构建家庭教育指导服务体系的策略：成立家庭教育指导委员会，推动此项工作组织化、专业化；开展“一对一”个别化指导，提升教师指导能力；开展“三位一体”的“三级”家长学校活动，实现“一对多”的系统指导；开展家长志愿服务活动，实现家长的自我教育。该园将以上策略应用于红苗教育实践中，有效促进幼儿品格自信、创新自信、文化自信的养成，提高家长教育水平，提升教育品质，也为其他幼儿园提升家庭教育指导水平提供了实践借鉴与理论参考。

关键词：家庭教育指导；红苗教育；品格自信；创新自信；文化自信

作者简介：万立勇，廊坊市安次区第二幼儿园党支部书记、园长，高级教师，主要从事学前教育实践及研究。赵文雅，廊坊市安次区第二幼儿园党支部专职副书记，主要从事学前教育实践及研究。

一　家庭教育指导与幼儿自信心养成

（一）家庭教育指导与幼儿自信心的概念及内涵

家庭教育指导是家庭以外的机构、团体和个人为发挥家庭积极的教育功能而提供的支持、帮助与指引。旨在指引家庭发挥促进人的发展的潜能，既包含为家庭发挥正面教育功能提供援助与引导，又包含为家庭功能失调提供补救与矫正，以建构家庭教育的支持系统。它既是教育工作的一部分，也是社会工作的一部分，具有以下基本含义：以教育学、心理学、生理学、社会学、家庭学等多学科理论为基础；兼具教育价值和家庭发展价值；是非制度化的教育指导，需要各种社会力量的统一与合作并加强组织建设、规范管理与专业化发展。[①]《全国家庭教育指导大纲（修订）》指出3~6岁儿童家庭教育指导内容要点包括：积极带领儿童感知家乡与祖国的美好；引导儿童关心、尊重他人，学会交往；培养儿童规则意识，增强社会适应性；加强儿童营养保健和体育锻炼；丰富儿童感性经验；提高安全意识；培养儿童生活自理能力和劳动意识；科学做好入学准备。

幼儿自信心是指幼儿在面对生活、学习和社交等各类挑战时，能够积极评价自我、认可自我价值，并具备解决问题和克服困难的内在信念。它是幼儿对自身能力和价值的积极认知和评价，是心理健康的重要标志之一，也是个体成功适应社会和实现个人目标的关键心理品质。它涵盖了自我效能感、自主性与自尊三个核心维度。自我效能感体现为幼儿对自身能力的信心，相信自己能成功完成某项任务；自主性反映了幼儿对自己行为的主导权和选择权，能在一定程度上独立做决定；自尊则是幼儿对自我价值的认同，感到自己是被尊重和珍视的个体。

（二）幼儿自信心养成及开展家庭教育指导的依据

《幼儿园教育指导纲要（试行）》指出："应为每个幼儿提供表现自己长处和获得成功的机会，增强自信心。"要让幼儿"能主动地参与各项活动，有自信心"。《3—6岁儿童学习与发展指南》指出，"幼儿社会领域的学习与发展过程是其社会性不断完善并奠定健全人格基础的过程"，教育者需要帮助幼儿"发展自信和自尊，在良好的社会环境及文化的熏陶中，学会遵守规则，形成基本的认同感和归属感"。2016年3月1日实行的《幼儿园工作规程》也把自信定为一项重要保教目标。

① 晏红：《"家庭教育指导"概念辨析》，《江苏教育》2018年第72期，第51页。

2019年6月，中共中央、国务院颁布了《中共中央 国务院关于深化教育教学改革全面提高义务教育质量的意见》，第一次将教师的“家庭教育指导能力”列入“教育教学能力”中，使之成为教师专业素养的重要组成部分。2019年10月，党的十九届四中全会明确提出要“构建覆盖城乡的家庭教育指导服务体系”，家庭教育指导成为实现“三教结合”育人大体系的重要支点。2022年1月1日正式实施的《中华人民共和国家庭教育促进法》同样强调：中小学校、幼儿园应当将家庭教育指导服务纳入工作计划，作为教师业务培训的内容。2023年1月13日，教育部等十三部门联合发布的《关于健全学校家庭社会协同育人机制的意见》指出，切实加强教师家庭教育指导能力建设，将教师家庭教育指导水平与绩效纳入教师考评体系，对教师开展家庭教育指导工作进一步明确要求。[①]《关于指导推进家庭教育的五年规划（2021—2025年）》指出：构建覆盖城乡的家庭教育指导服务体系，推动将家庭教育指导服务纳入相关公共服务；巩固发展学校家庭教育指导，推动中小学、幼儿园普遍建立家长学校并组织相关活动；规范强化社区家庭教育指导，依托相关设施普遍建立家长学校并开展活动。由此可见，国家从制度层面推进家庭教育指导的力度明显加大，幼儿园应充分发挥主导作用，积极协调社会优质教育资源，对家长进行家庭教育指导，促进幼儿包括自信心在内的各项素质全面发展。

（三）家庭教育指导对幼儿自信心养成的深远影响

家庭教育指导通过诸多要素对幼儿自信心的形成产生深远的影响。家庭结构上，帮助家长明确角色职责，为幼儿提供安全感，构建稳定平衡的结构。家庭文化方面，塑造积极文化，助力幼儿形成正确价值观，增强自信。亲子关系里，促使建立亲密信任关系，让孩子感受重视，敢于表达。家庭氛围上，营造温馨宽松环境，减少批评，多鼓励，使幼儿自由探索，提升自信。教育方式中，倡导鼓励式教育，及时表扬，让幼儿认识自身价值，建立强大自信。

---

① 宋萑、金德江主编《家庭教育指导二十讲》，北京师范大学出版社，2024，第1页。

二　红苗教育背景及内涵

（一）背景

党的十八大报告指出："要把立德树人作为教育的根本任务。"2018 年全国教育大会提出完善德智体美劳全面培养的育人体系，实现了从"德育为先"到"德育为本"的转变。会上，习近平总书记指出，我们的教育必须把培养社会主义建设者和接班人作为根本任务，要在六个方面下功夫："要在坚定理想信念上下功夫""要在厚植爱国主义情怀上下功夫""要在加强品德修养上下功夫""要在增长知识、见识上下功夫""要在培养奋斗精神上下功夫""要在增强综合素质上下功夫"。《幼儿园教育指导纲要》指出幼儿园必须深入实施素质教育，思想品德教育是素质教育的灵魂。"中国幼教之父"陈鹤琴先生提出"做人，做中国人，做现代中国人"，"做一个中国人必须热爱自己的祖国"。

（二）内涵

基于以上政策及理论，安次二幼于 2014 年提出了红苗教育理念，并创建了特色党建品牌，其核心理念为：遵循 A（健康）>B（品行）>C（知识）的教育法则，对幼儿进行"四自"（即自理、自主、自尊、自信）的养成教育和"三爱"（即爱国、爱党、爱家）的理想信念教育。自理能力是个人成长和发展的基础，自理、自主、自尊三者相互促进，共同构成自信的基础与支撑。其中，自理能力提高个体独立性，自主意识激发主动性，自尊感则增强自我价值认同。自信心的提升进一步推动自理、自主、自尊的发展，形成良性循环。"三爱"能够增强文化自信。当人们热爱党、国家和家庭时，会更深入地了解和传承本国的文化传统、价值观念和民族精神。这种情感上的投入会促使人们积极发掘和弘扬优秀的文化元素，从而增强对自身文化的自信。

红苗教育以幼儿德育为主线，将幼儿园五大领域渗透至"五育并举”教育模式中，培育德智体美劳全面发展的中国“红苗”。该体系既属于理想信念启蒙教育，又符合“养成教育”的理念与机制。它一方面是一种有着规范性、实践性、长期性，包含了思想道德、行为规范、社会实践与适应能力、自我发展与创新能力以及心理素质等方面，在教育工作者有针对性且长期的培养下，被教育者能够自觉地在无监督的情况下仍表现出良好生理、心理、思想、行为及能力素质的一种教育模式。同时，它也是系统化的教育，家庭、幼儿园、社会缺一不可。在省内多所高校支持下，该园于2022年启动红苗教育实践基地建设，创建红苗教研室，出版系列园本教材，开展国家级课题研究，不断完善幼儿德育启蒙体系。

三 红苗教育实践中构建的家庭教育指导服务体系

安次二幼为提升家长教育理念、改进家庭教育方式、改善家庭成员关系、营造良好家庭氛围，采取以下方法健全家庭教育指导服务体系，使红苗教育显示出连续性与整体性，推动了家园社协同育人体系整体效能的提升。

（一）成立家庭教育指导委员会，推动此项工作组织化、专业化

1. 理论依据及政策背景

根据布朗芬布伦纳的社会生态理论，家长对孩子的要求若与幼儿园、教师是协调一致的，幼儿就更能够将这些要求内化为自己的行为准则（见图1）。[①] 2022年1月1日，《中华人民共和国家庭教育促进法》正式施行，标志着家庭教育被全面纳入法治轨道。《关于指导推进家庭教育的五年规划（2021—2025年）》《关于健全学校家庭社会协同育人机制的意见》均鼓励和支持成立家庭教育指导委员会，以推动家庭教育指导工作深入开展。

① 缪佩君主编《家庭教育原理与操作指导手册（幼儿版）》，福建教育出版社，2024，第21页。

据此，安次二幼依托国家级课题研究，探索构建家庭教育指导服务体系的策略，将其作为红苗教育的有益延伸和有力抓手，促进幼儿德育养成。

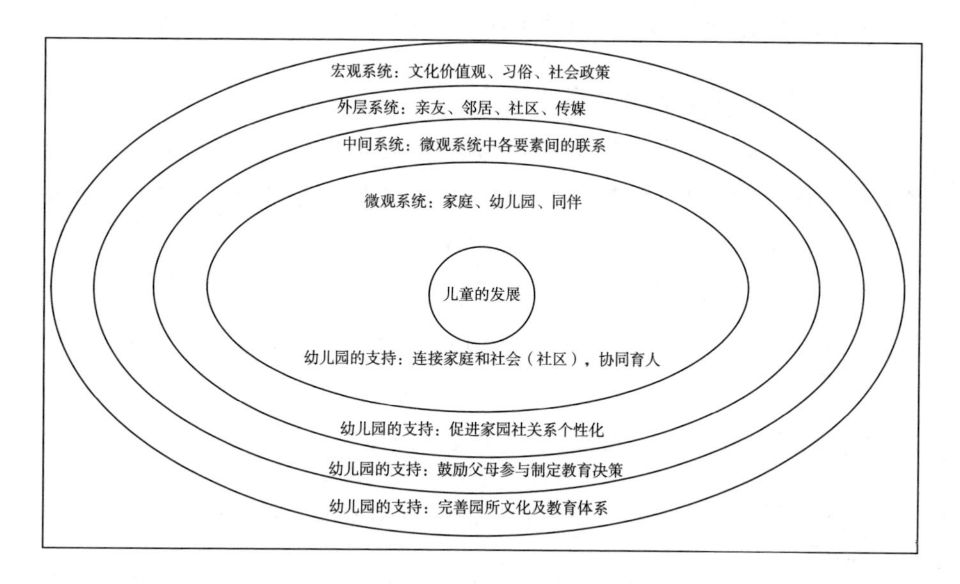

图 1　布朗芬布伦纳的社会生态理论

2. 工作机制

为开展组织化、常态化、专业化的家庭教育指导工作，该园于 2024 年 5 月在多位学前教育、心理学、优秀传统文化领域知名专家的指导下，成立了家庭教育指导委员会，制订了工作章程、管理制度，明确了组织的目标、权责及各岗位的职责和工作流程，通过整合资源、制订计划、实施活动、推广成果、评估改进等形式开展活动。活动基本原则：科学性（指导内容体系科学，指导活动符合教育规律和家庭教育指导活动自身特点）、专业性（指导人员专业性强、指导活动专业化）、导向性（价值基础是社会主义核心价值观）、整体性（指导内容各个方面目标一致、相互关联、逻辑统一）、针对性（满足家长个性化需求）。指导内容：政策宣讲与咨询、家庭环境塑造、家国情怀培育、正确成才观树立、身心健康促进、安全意识培育。跟踪评估的内容和方法：家长满意度和参与度调查、家长教育行为观察、家庭教育知识测试、典型案例分析和幼儿发展评估（为保证评估的客观性和公正性，采取多评估主体参与、数据交叉验证、定期复查和校准等多种方式）。

（二）提升教师家庭教育指导能力，开展“一对一”个别化家庭教育指导

1. 提升教师家庭教育指导能力

组织专业培训，开展模拟训练、案例研讨，建立科学合理的教师家庭教育指导能力考核评估机制，对教师的指导效果进行评估和反馈。对表现优秀的教师给予表彰和奖励，激励教师不断提升指导能力。

2. 开展“一对一”个别化家庭教育指导

规定“五必访”制度，定期进行实地家访，利用微信群、钉钉群开展“云”家访，设立家园交流恳谈室，落实“家长接待日”，与家长制定短期和长期教育计划，明确各阶段目标。

（三）举办家长学校，进行“一对多”的系统家庭教育指导

建立“三位一体”（幼儿园、社会、互联网）的“三级”（班级、年级、园级）家长学校模式，针对不同人群，开展不同内容的家庭教育指导。

1. 分层级进行体验式家庭教育指导

一是以班级为单位组织报告式、交流会诊式、展览表演式等不同形式的家长会。二是以年级为单位组织集体亲子实践活动。三是幼儿园开启“互联网+”线上家庭教育指导模式，分享幼教优质资源，推送育儿知识。

2. 成立家庭教育讲师团

整合社会资源，组建由学前教育、家庭教育、心理学、中华优秀传统文化等领域专家构成的家庭教育讲师团，并多次举办讲座。学前教育专家就“幼小衔接，看什么”，介绍孩子在幼儿园与小学过渡的准备要点；针对新生入园焦虑，从多方面解读分析并给出实用解决办法。家庭教育指导专家在“家庭教育的智慧与技巧”中，阐释如何营造家庭育人环境，强调坚守信念，帮助孩子实现梦想。心理学博士从幼儿心理需求和行为特点出发，讲解如何安抚不良情绪；以“破解家庭心灵遗传密码”为主题，阐明

亲子关系本质，建议营造良好家庭养育环境。

3. 开展社区家庭教育指导服务活动

根据美国爱普斯坦教授的“重叠影响阈理论”，家园社教育的重叠程度对幼儿教育起着关键的作用。① 为充分挖掘社区教育资源，弥补家庭教育与幼儿园教育的不足，提高教育的实效性，安次二幼党支部充分发挥引领作用，与服务区内的社区签订共建协议，开展了一系列社区家庭教育指导服务活动。组织“送法进社区”、向社区图书馆捐赠《红苗教育》园本教材、红苗教育原创绘本及《红苗教育活动剪影》，宣传教育法规和红苗教育理念；开展社区“童心向党，筑梦未来”文艺演出；送教进社区，在社区幼儿（1.5 岁至 3 岁）家庭中开展亲子早教游戏活动。以上活动促进了幼儿园与社区家长的融合及教育普及。

（四）开展家长志愿服务活动，实现家长的自我教育

1. 家委会

构建了班级、年级、园级三级家委会，成员参与园务公开、食品安全监督、幼儿园重大决策；协助教师组织园内教育活动、社会亲子研学、大型集体活动；协助家庭教育指导委员会通过问卷调查、座谈、观察等方式了解家长意愿，宣传教育理念和科学的教育方法，化解家园矛盾。

2. 家长助教

一是建立健全《家长助教活动开展制度》《家长助教评估制度》《家长助教档案制度》等活动制度。二是建立信息档案，将家长助教分为专业型和技能型。三是成立家庭教育指导俱乐部，开展晨读会、育儿沙龙，分享“教育地图”，进行教育规划指导等活动。

3. 家长义工

家长义工为家委会和家长助教成员提供服务与支持。如拍摄红色微电影时，家长义工协助安排车辆、整理道具、为小演员提供化妆和后勤服

---

① 甘鹏、韦凌云、赵建霞主编《幼儿园与家庭、社区合作共育案例评析教程》，武汉大学出版社，2023，第 10 页。

务。协助幼儿园组织亲子游学参观活动，利用社会优质教育资源开拓幼儿、家长眼界，共同构建红苗教育课程体系。走进社区，开展心理沙盘、心理绘画、心理沙龙及一对一咨询等，丰富家庭教育指导的形式，展现红苗教育开放创新、关注社会的教育理念。

四　家庭教育指导策略在幼儿自信心养成过程中的具体实践

（一）品格自信的培养

1. 品格自信的内涵与价值

幼儿品格自信指幼儿在心理和行为上对自身能力、价值和独特性有积极认知与信任。内涵为：有自我认知，了解自身特点；有积极态度，面对新挑战任务乐观勇敢且愿意尝试；有独立意识，能自主选择决定并相信自己。

幼儿品格自信的价值包括：能促进身心健康，自信幼儿具较强心理调适能力，减少心理问题；能激发学习兴趣和主动性，积极参与学习探索；能培养良好人际关系，使幼儿更易与人交往，表达想法感受，建立友好关系。

2. 品格自信的培养

一是倡导幼儿参与家庭劳动。《全国家庭教育指导大纲（修订）》明确指出要“培养儿童生活自理能力和劳动意识”。安次二幼积极采取多项家庭教育指导策略，在寒暑假开展了“家务劳动我来做”活动。首先，教师与家长助教共同整理并向家长推荐适合不同年龄段幼儿的家务劳动清单，其中包括幼儿应具备的9种必会技能（会吃饭、会喝水、会如厕、会洗手、会穿衣、会系鞋带、会叠被、会收拾玩具、会逃生自救）。通过网络家长学校，详细介绍引导劳动的方法技巧。教师精心编写的《养成教育儿歌300首》也一并推荐给家长，旨在通过朗朗上口的儿歌，激发幼儿参与家务劳动的兴趣。家长与孩子共同设计家务劳动记录表，每天记录劳动详情，见证幼儿成长进步。接着，教师通过微信视频进行一对一的“云”家访，观察劳动现场，了解情况后提出指导意见并记录，深入分析挖掘劳动对幼儿身心发展的价值。同时，家长们积极响应号召，将孩子劳动活动的流程拍摄成视频。以班级为单位，利用微信群召开劳动收获分享会。会上家长踊跃交流，展示成果，分享孩子变化，如变得独立自主、学会珍惜成果、懂得感恩等。这些变化让家长欣慰，也为其他家庭提供了借鉴。以上活动取得了显著成效：在自我效能感方面，幼儿通过参与各种家务劳动逐渐掌握了基本的生活技能，提高了自理能力，切实感受到自己具备完成一定工作的能力。例如，在整理玩具的过程中，他们成功地将混乱的玩具摆放整齐，这种亲身经历让他们相信自己有能力处理好类似的事务，从而增强了自我效能感。在自主与自尊方面，幼儿参与家务劳动的选择和记录表的设计，给予了他们自主决策的机会。这使得幼儿能够按照自己的意愿和想法参与劳动，感受到自己的自主性得到尊重，使他们逐渐学会独立思考和自主行动。同时，通过完成劳动任务，幼儿为家庭做出贡献，会获得家庭成员的认可和赞扬，进而提升自尊水平，认识到自己的价值和重要性。在自信方面，教师开展“云”家访，对幼儿的劳动表现给予肯定和鼓励，在劳动收获分享会上，幼儿看到自己的劳动成果得到展示和认可，这些都极大地增强了他们的自信心，使他们更加相信自己的价值和能力，从而在面对未来的挑战时充满自信。

二是开展亲子共读。中国自古就有“耕读传家、诗书济世”的传统，亲子共读日益成为家庭教育的重要抓手。为使幼儿通过阅读接受品德教育，安次二幼于2019年成立红苗绘本馆，开展了“红色图书漂流”“小图书，大世界”“书香润童年，阅读伴成长”等亲子“读书月”系列活动。首先，幼儿园家委会发布调查问卷，了解家长对早期阅读的认知及孩子的阅读现状，以此为依据，家庭教育指导委员会组织骨干教师和家长助教协商，共同规划阅读活动。接着，家委会协同幼儿园展开宣传，通过公众号发布读书月倡议书及绘本推荐，引发关注和响应。随后，共读活动在家园同步开展。在园里，各班利用午休和离园前开展“每日十分钟快乐阅读”，家长助教陪伴孩子每天在绘本馆自主阅读10~20分钟，共读后进行深度探讨，将阅读内容延伸至区域活动，并迁移至幼小衔接相关的学习品质和能力培养，如概括总结、当众表达和想象等，为家庭中的亲子共读打下坚实基础。在家中，亲子共同设计、布置“家庭图书角”，营造温馨的阅读环境，家长义工协助教师，组织家长微信群分享幼儿图书角整理和阅读的精彩照片。为保证效果，倡议家长每天陪读15~20分钟，朋友圈打卡，家长义工统计鼓励，家长辅助填写“阅读日记”和“打卡记录单”。连续21天阅读分享的小朋友获发园徽以资鼓励。亲子共读后，分年龄段开展不同活动，小班修补图书、制作书签；中班表演绘本剧；大班亲子协商制订阅读计划，共同制作绘本及服饰并表演。整个读书月活动中，教师和家庭教育指导俱乐部中的家长助教每天在班级群与家长互动，提升家长阅读指导能力。为激发活动兴趣、展示活动成果，在家委会协调下，亲子绘本剧参加了社区庆七一文艺表演，亲子手绘绘本和制作的服饰参加社区文化展览，获得广泛好评。活动尾声，评选出“阅读小达人”、“故事大王”和“书香家庭”并给予奖励，激励家庭更广泛参与亲子共读。与此同时，还开展了“红色图书漂流”活动。亲子将阅读感悟以绘画和文字的方式共同记录在“感悟漂流本”上，随读物装在亲子共同制作的“漂流袋”中，图书归还后，会随机被其他幼儿借阅，实现多个家庭共同阅读，共同感悟，共同成长。另外，幼儿园利用公众号进行睡前故事推送，帮家长和幼儿养成睡前听故事的习惯，既保证了亲子共读时间，也创造了深度阅读条件。通过亲子阅读，幼儿自信心得到提升：阅读及相关活动让幼儿积累知识经验，丰富内心，交流分享时有底气，增强自信；共读使幼儿能表达想法，观点被认可尊重时提升自我价值感；绘本剧参与社区表演，能锻炼幼儿勇气和表现力，帮助幼儿在掌声中建立自信；亲子共读营造温暖氛围，家长陪伴鼓励给予幼儿安全感，促使其勇敢探索尝试，自信面对成长挑战。

（二）创新自信的培养

1. 创新自信的内涵与价值

幼儿创新自信是指幼儿在思维和行动上对自身创造新事物、提出新想法的能力持有积极的信念。内涵包括：敢于想象，不受束缚大胆构想；勇于尝试，主动参与新活动不畏惧失败；面对挫折坚信能克服并前进。

幼儿创新自信价值：能激发创造力潜能，发挥天赋为未来的创新奠基；促进认知发展，提升思维、观察和解决问题的能力；提高自主学习能力，主动探索获取知识；适应未来社会，在创新驱动时代更好应对变化与挑战。

2. 创新自信的培养

习近平总书记在出席十四届全国人大二次会议解放军和武警部队代表团全体会议时强调，要增强创新自信，坚持以我为主，从实际出发，大力推进自主创新、原始创新，打造新质生产力和新质战斗力增长极。因此，我们要眼光长远、视野开阔，使幼儿了解新兴科技，萌发创新思维，培养创新自信。

安次二幼开展了一系列沉浸式亲子科学体验活动。一是科技亲子研学。家委会组织亲子假期一同参观科技馆、博物馆、动植物园等场所。科技馆新奇展品激发幼儿对未知的好奇；在博物馆领略人类智慧演进；动植物园丰富的物种引发幼儿对生命奥秘的探索欲望。家长助教利用职业便利组织亲子参观廊坊师范学院生物学实验中心，激发幼儿对生物科学的浓厚兴趣；参观廊坊职业技术学院中国传统风筝馆，丰富幼儿对民间传统文化的认知；参观航空商务模拟中心，沉浸式体验航空商务场景；参观廊坊市北华航天工业学院的航天博物馆，了解我国航天发展史，激发探索欲、增强国家荣誉感；参观廊坊市迎春酒厂，了解白酒酿造过程，体会传统酒文化。这些活动能够拓宽视野，激发探索与创新精神。二是亲子科学小实验。寒暑假期间，教师和家长助教结合“爱迪生科学探究课程”资源，制作了物理、化学、生物等领域的科学小实验微课，并推荐给家长，如彩虹泡泡、鸡蛋沉浮、豆芽生长等。幼儿亲手操作、观察思考，培养科学兴趣与创新思维，建立对科学和自身创新能力的信心。三是亲子种植养殖活动。高校农学博士作为家长助教通过网络家长会指导亲子种植花卉蔬菜、养殖小动物，亲子设计观察记录表，记录动植物成长过程，了解生命周期和变化，感受自然神奇规律，学习生命科学知识。以上活动为幼儿营造了探索创新的环境，在家园共同努力下，为幼儿萌发创新自信奠定了基础。

（三）文化自信的培养

1. 文化自信的内涵与价值

文化自信是文化创造主体对于文化发展的历史积累、现实状况、未来前景的信心和信念。2014年2月，习近平总书记在主持十八届中央政治局第十三次集体学习时，首次使用“文化自信”的概念。他所强调的文化自信，主要包括对中华优秀传统文化、革命文化、社会主义先进文化的自信和建设社会主义文化强国的自信。

幼儿文化自信价值：增强幼儿对民族和国家的归属感、认同感，激发爱国情怀；形成正确价值观、道德观；滋养幼儿心灵，促进其精神世界健康发展；促进优秀传统文化传承与创新；增强幼儿未来在多元文化中的交流合作能力。

2. 文化自信的培养

一是优秀传统文化的传承。习近平总书记指出：“坚定文化自信，是事关国运兴衰、事关文化安全、事关民族精神独立性的大问题。”据此，着力将优秀传统文化融入家庭教育，培养幼儿文化自信：家委会协同教师制订亲子共庆传统节日活动计划，针对不同年龄段的幼儿，活动内容逐步深入。小班亲子一同体验中华民族服饰，制作并品尝传统美食，聆听童谣和儿歌，初步感知我国优秀传统文化的丰富内涵。中班拓宽沉浸式体验的广度，家长与孩子一起玩民间游戏、讲成语故事、表演寓言故事和戏剧，进一步加深幼儿对传统文化的理解。大班则拓展互动参与范围，鼓励家长利用假期带孩子参观博物馆、文化馆、戏院、老街、村落等，加深对京津冀地区民族文化符号的认识；在家长义工的支持下，利用图书馆教育资源开展了“白胡子爷爷讲二十四节气”活动，亲子共同参与，了解节气内涵，感受古人智慧和农耕文化，深刻认知自然变化节律；在家委会的协助组织下，亲子共同拍摄《闪闪的红星》《小兵张嘎》两部红色微电影，通过角色扮演，重现了革命场景，培养了孩子们的爱国情怀；在“筝想遇见你”家长开放日活动中，邀请廊坊第什里风筝非遗传承人介绍制作工艺，亲子共同制作、放飞风筝，领略非遗艺术的独特魅力，增强家乡自豪感和文化认同感。以上活动使优秀传统文化在幼儿家庭教育中得以扎根、生长、开花、结果，为幼儿的成长注入了强大的文化力量，奠定了坚实的文化自信基础。

二是好家风的传承。《全国家庭教育指导大纲（修订）》指出：“引导家长注重提升自身素质，注重家庭建设和良好家风传承，促进亲子互动，共同提高。”国家七部门联合发布的《关于进一步加强家庭家教家风建设的实施意见》指出：“推动社会主义核心价值观在家庭落地生根，充分发挥家庭家教家风建设在培养时代新人、弘扬优良家风、加强基层社会治理中的重要作用。”为了促进家风的传承，安次二幼策划并实施了一系列活动：邀请家庭教育讲师团中的优秀传统文化专家讲座，剖析好家风的内涵与价值以及传承发扬的方法，让家长深刻认识其重要性，为活动奠定理论基础；家庭教育指导俱乐部利用社区活动室开展好家风传承的家长沙龙，家长们与社区居民共同探讨，积极分享家庭优良传统和教育经验，热烈讨论在现代社会传承好家风的方式，碰撞出诸多新启示和思路；邀请专家及有家庭教育指导师从业经历的家长助教召开座谈会，家长代表在专家指导下，对好家风家训进行系统梳理，从传统美德方面结合现代社会和家庭特点，提炼出针对性、可操作性的家风家训内容；在此基础上，家长与幼儿协商制定家规，共同绘制成册并严格遵守，家庭教育指导委员会收集其内容及案例编辑成《红苗教育优秀家风家训集锦》；为巩固传承成果，家委会组织家长拍摄“爸妈教我这样做”幼儿好家风行为微视频，在社区活动室及家长学校展示，引发居民、家长关注和共鸣。通过讲家风、说感悟、定家规、绘家训、演家事，将好家风传承融入家庭教育，增强了幼儿的自主和责任意识，营造了良好家庭氛围，为培养幼儿文化自信创造了良好环境，也促进了社区文明建设。

五　成效与建议

（一）实践成效

幼儿自信心显著提升：通过有效的家庭教育指导，幼儿在面对生活、学习和社交等各类挑战时，能够更加积极评价自我、认可自我价值，并具备解决问题和克服困难的内在信念。

家长教育理念和方法转变：家长在参与家庭教育指导活动的过程中，逐渐形成了正确的教育观念和方法体系。他们更加注重与孩子的沟通交流，关注孩子的心理需求和个性发展，为孩子创造了更加温馨和谐的家庭环境。

幼儿园教育品质提升：在开展家庭教育指导工作过程中实现了家园社协同育人，丰富了教育资源，拓展了教育途径，完善了课程体系，提升了幼儿园的整体教育品质。这一实践模式为其他幼儿园提供了有益的借鉴和启示。

（二）建议

政府支持。政府加强家庭教育指导服务体系的建设，融合行政机关及社会力量多方资源，建立专业的家庭教育指导机构和平台，实现社区家庭教育资源共享，为幼儿园、家长提供科学、系统的支持和服务。

关注特殊需求家庭。针对隔代教养家庭、单亲（重组）家庭、低收入家庭等特殊群体，提供更为精准的家庭教育支持，确保每个孩子都能在良好的家庭环境中健康成长。

科技赋能家庭教育。利用现代化的信息技术手段，为家长提供更加精准、定制化的育儿建议，帮助家长更有效、更科学地培养孩子包括自信心在内的综合素质。

（编辑：王艳芝）

Family Education Guidance Strategies for Cultivating Self-Confidence in Pre-school Children: A Case Study of Hongmiao Education at Anci No. 2 Kindergarten

WAN Liyong, *ZHAO Wenya*

(Anci District No. 2 Kindergarten, Langfang, Hebei 065000, China)

Abstract: This paper explores the crucial role of family education guidance in fostering self-confidence in pre-school children, emphasizing the importance of kindergartens providing effective support to parents to promote children's holistic development. It presents the strategies implemented by Anci No. 2 Kindergarten in developing a comprehensive family education guidance system. Key initiatives include the establishment of a family education guidance committee to enhance the organization and professionalism of the effort, training teachers to offer personalized "one-on-one" guidance, and organizing "three-level" "trinity" parent school activities to provide systematic "one-to-many" guidance. Additionally, parent volunteer activities are encouraged to promote self-education among parents. These strategies, applied through the framework of Hongmiao Education, have successfully nurtured children's character, innovation, and cultural confidence, while improving parents' educational practices and raising overall education quality. The paper offers both practical and theoretical insights for other kindergartens seeking to enhance their family education guidance programs.

Keywords: Family Education Guidance; Hongmiao Education; Character Confidence; Innovation Confidence; Cultural Confidence

• 会议综述 •

第二届全国家政学学科建设与专业发展高峰论坛会议综述

于文华　王玉萌　卞亚轩

（河北师范大学家政学院，河北石家庄 050024）

摘　要：面对社会结构变化与人口老龄化加快趋势，中国对优质家政服务的需求持续攀升。为响应这一需求，党中央和国务院多次发文，强调建设和发展家政行业的重要性，并鼓励家政服务向专业化方向迈进。高质量的家政服务依赖于高素质的家政人才，而学科建设是培养人才的关键。虽然中国家政学科当前发展势头强劲，但其建设仍面临不少挑战。在此背景下，第二届全国家政学学科建设与专业发展高峰论坛在河北师范大学顺利召开。会议围绕“家政学科高质量发展”这一主题，各界专家就家政学理论建设、产教融合、教育体系构建及数字化转型多个议题展开了深入讨论。会议旨在通过学术对话与交流，探索家政学科的未来发展路径，为家政学科的高质量提升提供指导。

关键词：家政学；学科建设；产教融合；家政教育；高质量发展

作者简介：于文华，河北师范大学家政学院副教授，主要研究方向为语言心理学、家政教育、劳动教育；王玉萌，河北师范大学家政学硕士研究生，主要研究方向为家政学；卞亚轩，河北师范大学家政学硕士研究生，主要研究方向为家政学。

2024 年 4 月 12～13 日，第二届全国家政学学科建设与专业发展高峰论坛在河北师范大学召开。论坛由河北师范大学主办、河北师范大学家政学院承办，由河北省家庭建设研究中心、河北省家政学会和石家庄乐创企业管理咨询有限公司协办，来自中国劳动学会、国际家政联盟、商务部国际贸易经济合作研究院、教育部职业教育发展中心、国家发改委城市和小城镇改革发展中心、南京师范大学、吉林农业大学、中华女子学院、湖南女

子学院、福建技术师范学院、北京劳动保障职业学院、上海开放大学、菏泽家政职业学院、衡水职业技术学院、中国老教授协会、河北工业职业技术大学、河北女子职业技术学院以及河北师范大学等单位的23位国内外专家学者，围绕“家政学科高质量发展”论坛主题，做了精彩的会议报告。

一　会议概况

4月13日上午，论坛开幕式在观和国际酒店举行。河北师范大学党委书记黄晟致辞。他代表学校对与会嘉宾的到来表示欢迎，简要介绍了河北师范大学的发展历史、办学定位和家政学学科建设与专业发展的基本情况。黄晟指出，河北师范大学是我国近代家政教育的发源地之一，家政学专业办学已有百余年的历史。近年来，学校积极复办家政学本科专业，自主设置家政学交叉学科，获批全国第一个家政学硕士点，也是目前全国唯一拥有家政学交叉学科硕士点的高校。家政学专业复建以来发展迅速，在2023年软科中国大学专业排名中获评“A+”等级。他希望，与会专家深度分享新时代家政学科和专业建设经验，积极探索家政专业人才培养的新路径、新模式，共同推动家政学科高质量发展。

河北省妇联党组成员、副主席梁励慧致辞。她指出，习近平总书记关于家政服务工作的重要论述为我们做好新时代家政工作指明了方向。家庭服务业一头连着发展、一头连着民生，一头连着城市、一头连着乡村，是助力解决“一老一小”和解决家庭急难愁盼问题的重要抓手。省委、省政府连续三年把省妇联牵头组织的“河北福嫂·燕赵家政”工作列入全省20项民生工程。家政行业的发展壮大离不开学科建设的有力支撑，本次论坛为推进我国家政学学科建设与高质量发展注入了新的动力，必将不断推动河北省家政服务业取得新成效、迈上新台阶。

中国老教授协会家政学与家政产业发展专业委员会秘书长周柏林致辞。他表示，新时代家政服务业的长期健康稳定发展，必须得到家政学科的理论指导和高校系统教育培养的规模化人才队伍的支撑。与会专家共同探讨家政学科建设和专业发展的学术问题和实践问题，必将有力促进家政人才培养质量的提高。

河北师范大学家政学院党委书记于文华主持了开幕式，并就举办此次论坛的“共享家政学研究成果，共谋家政学新发展，共同谱写家政学的时代篇章”的目标以及相关情况做了简要介绍。

二 研讨的主要问题

围绕“家政学科高质量发展”这一主题，与会专家从理论建设、产教融合、家政教育、最新视角等多个维度展开了深入交流与研讨。他们不仅聚焦于家政学学科体系的构建与完善，还就如何通过产教融合培养高素质的家政人才进行了细致探讨，并从数字化转型等新视角出发，提出了家政服务业未来发展的方向与策略。以下为各专题讨论的具体内容。

（一）理论建设：内涵、价值与学科体系探究

理论建设是家政学科发展的基石，对于明确学科定位、指导实践操作具有不可替代的作用。深入探讨家政学的内涵、价值与学科体系，有助于构建完整的理论框架，推动学科高质量发展。在此基础上，专家们就家政学的理论建设展开了深入的讨论。

南京师范大学赵媛教授做了题为“家政学学科内涵的多视角分析”的主旨报告。赵媛指出，对学科内涵的理解和认识是一门学科建设及发展的基础，而目前对于家政学学科内涵的认识存在多种视角：第一，国际视角下由关注家庭与家庭生活不断延伸至社会公共领域；第二，中国传统视角下作为改良家事之学术、增进社会福利之科学、人人必备之知识的家政学学科内涵；第三，创新性地提出如何把握新时代中国特色家政学学科的内涵，是构建中国特色家政学理论体系必须要思考和解决的问题。新时代中国特色家政学学科建设亟须引起更多的关注。一方面，新时代我国家政学学科的复兴，紧密围绕家政服务的实际需求展开，旨在培养适应行业发展的专业人才。另一方面，家政教育贯穿劳动教育始终，是新时代家政的另一组成部分。因此，新时代家政学学科的内涵，既涵盖了对家政服务业的

专业支持，也包括普及全民的家政教育，以满足人民对美好生活的向往。

商务部国际贸易经济合作研究院国际服务贸易研究所副所长俞华博士进一步提出，新时代我国家政学学科的建设应以“家政服务”为逻辑起点。他认为，新时代家政学复兴主要是从家政服务需求出发。当前我国家政学学科建设远远滞后于家政实践，加强家政学学科建设，首要任务就是要基于家政服务行业实践，科学构建家政学学科理论体系。俞华提出以家政服务为研究对象，立足于新时代家政服务实践经验，并从家政服务观的视角出发，遵循学科的内在规律，构建系统的学科理论体系。该体系从学科支撑理论、学科基础理论和学科应用理论三个层面进行阐述，旨在为家政学的学科建设提供全局性、整体性、现实性和前瞻性的指导。

吉林农业大学吴莹教授则认为，家政学不应仅被视为家庭生活管理的科学，更是一个涵盖物质、精神和情感伦理，关注人与生活环境互动的综合性学科。吴莹教授从“何为家政”的原点出发，梳理了家政学概念发展的历史脉络，从家政学概念生成的维度回应了“何为家政学”以及家政学的学科价值。她指出，随着社会经济的发展和人口结构的变化，家政学的研究和应用对于提升家庭生活质量、促进家政行业的产业体系构成和服务民生福祉都具有重大意义。

知识谱系作为历史谱系，是一个学科知识发展和变化的系统。湖南女子学院周山东教授指出，家政学作为家庭管理的学问，其知识谱系始终随国家治理需求的变化而演变。古代中国强调“家国同治”，古代家政学涵盖了家庭管理、治家能力和治家经验，此时家政学知识谱系主要包含齐家、成业、修身、教子四部分。近代中国，民族危亡背景下的教育改革注重女子家事教育，家政学以培养贤妻良母和社会服务人才为目标，这一时期家政学知识谱系侧重家庭生活技能的知识谱系以及提升服务能力的知识谱系。现代中国以经济发展为中心，重视职业教育，现代家政学知识谱系强调家庭管理、生活科学化和家庭关系的科学发展，相比之前尽管取得了进步，但存在片面追求经济服务和满足方面的问题。有鉴于此，新时代中国家政学应以生活为起点和目的，重建情感共同体的重要途径，主动适应人们对美好生活的向往，新时代家政学知识谱系的创新应加强“家”概念的元研究，自觉运用“家”的方法，充分注意“家”发展的互联网、大数据背景。

河北师范大学冯玉珠教授则从交叉学科角度出发，指出家政学需要通过多学科理论和方法交叉融合解决新的科学问题；此外，社会对该学科人才存在一定规模的迫切需求，并且这种需求呈现稳定的发展趋势；家政学领域已具备结构合理的高水平教师队伍，相关学科基础扎实，人才培养条件优良，初步形成了与培养目标相适应的研究生培养体系。随后，他以河北师大为个案，从学科设置、培养目标与学科方向、建设成效等方面阐释了家政学交叉学科的建设现状。他指出，目前中国的家政学交叉学科建设主要面临三个方面的挑战：一是不同学科间的壁垒导致跨学科合作与创新受阻；二是由于家政学的复杂性和多学科性质，培养具备全面素质和专业技能的人才是一项艰巨任务；三是尽管家政学对于家庭和社会至关重要，但在社会中的认知度较低，很多人对其价值理解存在误区，这给该领域的发展带来了障碍。针对这些问题，冯玉珠提出，要推进家政学交叉学科的建设，首先须明确家政学交叉学科的学科定位和发展方向，并在此基础上加强课程与教材体系改革与创新，强化家政学交叉学科师资队伍建设，提高科研水平推动创新发展，最终才能构建家政学交叉学科理论。

（二）产教融合：模式及人才培养路径探索

产教融合是指产业与教育的深度结合，通过校企合作、工学结合、产学研一体化等多种方式，实现教育资源与产业资源的优化配置和共享。这种融合旨在促进教育内容与产业需求的对接，提高教育的实践性和针对性，同时为产业发展提供人才支持和技术创新。家政服务业在社会中发挥着越来越重要的作用，因此深化家政产教融合，促进教育链、人才链与产业链、创新链有机衔接，是当前推进人力资源供给侧结构性改革的迫切要求，是提升人才培养质量、促进高质量就业的必然要求。

中国老教授协会家政学与家政产业发展专业委员会秘书长周柏林指出，产教融合是家政产业未来发展的关键趋势之一。家政的产教融合通过对接企业和行业需求，引领职业院校人才培养方向，并以企业使用高素质人才推动行业高质量发展为目标。在此基础上，周柏林创新性地提出了十余种产教融合模式：“引企入校”与“引教入企”合作模式，强调共建共用实习、实训及实践基地，实行“双师互聘”制度，促进高校教师与企业技术管理人员双向交流，建立并共享职业教育资源库，加快家政服务标准化建设与信息化建设，定期组织专业研讨会、技能竞赛及成果展示等活动，等等。

河北工业职业技术大学工商管理系党总支书记韩彦国通过梳理该校现代家政服务与管理专业办学发展历程，探讨了产教融合背景下现代家政人才培养路径及多元化培养模式。韩彦国指出，学校通过进行家政市场调研，秉持“根据社会需求定专业、岗位需求定课程 ”的专业建设思路，结合家政市场岗位需求，保证职业教育特色鲜明，把准家政市场人才需求脉搏，坚持产教融合，坚持校企合作，不断调整专业人才培养目标。此外，学校还形成了面向岗位群的进阶式家政课程体系，包括基础阶段岗位群、就业目标岗位群和职业晋升岗位群，实施了校企合作、工学结合、岗课融通、实岗育人的人才培养模式，建立了多元化、立体式人才培养质量评价体系，促进了人才培养质量提升。

河北女子职业技术学院的胡英娣教授以“深化产教融合，提升我省家政人才培养质量——以河北女子职业技术学院和家政职教集团为例”为题，详细阐述了学院在家政人才培养与教育体系建设上的创新实践。一方面，学院构建了全日制专科教育、成人继续教育和社会培训“三位一体”的教育体系，具体措施包括：以女性教育为特色的家政专业设置为基础，打造融通共享型家政专业课程体系，实施针对农村妇女的家政中专继续教育以提升其基础学历，以及开展家政短期培训项目以增强在职家政人员的综合素养。另一方面，学院依托职业教育集团，推动学校与企业之间的深度融合，主要通过搭建校企合作平台、家政技能竞赛平台以及交流共享平台，实现了院校与企业的资源共享与优势互补，从而全面提升河北省家政人才培养的质量，彰显了产教融合的优势与成效。

菏泽家政职业学院邢娜老师从该校的办学实践出发，探讨了高职院校“大家政”专业建设与人才培养。从“大家政”专业建设来看，学校坚持

“双高”引领，组建高水平现代家政专业群，聚焦家政、养老、托育服务产业发展新需求，对接“一老一小”，形成了“婴幼儿—幼儿—成人—老人”全周期、全过程、全方位的完整服务链条。该校坚持“双高”引领，以师德师风建设为基点，培养高水平家政教育师资，构建了“德技并修、三元合育、四岗递进、岗课赛政融通”的人才培养新模式，打造了“五域融合”的人才培养体系，其中“五域”包含：思政教育体系、专业课程体系、实践教学体系、创新创业教育体系、劳动教育体系。此外，学校还与河北师范大学、北京中青家政服务有限公司联合成立全国现代家政产教融合共同体，实现现代家政产业供给侧与需求侧双向深度互动、相互赋能。从人才培养上来看，学校实施“六大融合”培育高素质技能人才，“六大融合”分别是：一是通过推进“家政+”模式，将家政服务技能与托育、养老、康复等专业核心技能相融合，打造“一专多能”的高素质人才；二是培养家政企业经营管理人才与家政服务中高端技术技能人才相融合，鼓励家政专业学生走向社区提供高品质居家服务；三是构建专业核心课程、专业方向课程、专业选修课程相融合的完善课程体系；四是学历教育与技能培训相融合；五是产学研用深度融合；六是采用统招与扩招相融合的招生模式。

湖南女子学院黄臻教授做题为“家政学专业融合性发展的探索：一种可能的途径”的主旨报告，他在研判形势的基础上，提出家政学应培养复合型人才。他认为，家政学的发展，可发挥学科专业集群的优势，优化教学活动要素，构建以学生为中心的专业建设模式，深化产教融合，以打造多元主体联动的家政教育共同体。黄臻以湖南女子学院为例，介绍了该校招生规模稳步增长、行业地位不断提升、学科专业建设成效初显、学生能力素养不断提高、社会服务能力逐渐增强的成效，以现实案例说明融合性发展是家政学专业发展的一种可能途径。

衡水职业技术学院石艳婷老师指出，在当前社会经济背景下，随着家庭对多样化家政服务需求的刚性增长，社会对于高质量家政服务人才的需求亦呈现上升趋势。然而，在家政服务人才的培养过程中，有若干亟待解决的问题。首先，人才培养的目标尚不明确，专业的定位仍有待进一步明晰；其次，专业师资力量不足，师资队伍的整体建设需得到加强；再次，现有的课程设置与市场需求之间存在一定程度的脱节，课程体系有待进一步优化；最后，学生在家政服务领域就业市场中所获得的认可度相对较低，职业发展路径及规划仍需进一步明确。基于上述挑战，石艳婷老师借鉴衡水职业技术学院的实践经验，提出一系列对策建议：首先，首要任务在于确立明确的专业定位，并清晰界定人才培养的具体目标；其次，应构建一支由专职与兼职教师相结合的教学团队，同时重视提升教师队伍的科研能力，以确保人才培养的质量和效果；再次，课程设计应当遵循科学合理的指导思想，以确保所培养的人才能够满足市场的实际需要；复次，通过创新人才培养模式，进一步强化对学生实践能力和综合素质的培养；最后，引入多元化的评价体系，不仅关注学生的学业成绩，更注重其综合成长和发展。这些策略旨在全面提升家政服务人才的培养质量和效率，从而更好地应对社会经济发展需求。

北京劳动保障职业学院杨海英教授基于北京劳动保障职业学院的办学经验，从“道法术器”四个维度深入探讨了家政专业人才的培养策略。首先，“道”确立了人才培养的目标与初心，即聚焦于市场需求，培养符合地方特色和学校定位的高素质技术技能人才，紧跟国家政策与教育部的专业调整动态。其次，“法”明确了人才培养的规格和标准，强调知识、能力和素质的均衡发展，通过结构化职业分析与教学内容重构，依据市场调研及国家标准确定学生的就业方向和岗位要求。再次，“术”阐述了人才培养的具体模式和技术方法，依托产教融合、校企合作和工学结合等方式，制定详尽的人才培养方案，实现学岗互促，并开发多样化教学资源以增强教学效果。最后，“器”指代人才培养的载体与环境，强调教师队伍、教材建设和教学方法的重要性，提倡采用灵活多样的教材形式，并借助数字化资源和创新教学方法，结合线上线下、校内外实践等多种途径，全面提升学生的职业技能和市场竞争力。

中华女子学院张霁教授回顾了我国家政服务业的发展历程。他指出，现阶段我国正处在家政服务从社会化向产业化升级的发展过程中，家政服务标准在保障服务质量、维护市场秩序、推动产业规模化发展等方面具有不可替代的作用。张霁表示，新时代家政教育随家政服务业的兴起蓬勃发展，家政服务标准化是家政人才培养的基础，而我国幅员辽阔、南北方不同地区家庭生活差异大，家政服务需求也呈现多样化的态势，因此家政人才培养应坚持标准化和个性化发展相结合。

（三）家政教育：课程、师资及培养体系建设研究

家政教育是提升家庭生活质量、促进家政行业专业化与标准化的关键，它不仅关乎个人职业技能的提升，更是社会和谐与进步的重要推手，课程设置、师资力量及培养体系的建设则是提升教育质量的关键因素。

河北师范大学戴建兵教授深入分析了家政教育的传统根基，明确指出了家政教育在新时代的重要转型方向。他首先回顾了家政学的历史演变，从北洋女师范时期的初创阶段到西迁时期的发展历程，家政学一直肩负着培养国民健全人格、发展家庭工艺、提高生活效率等多重社会责任。作为一门综合性学科，家政学的教育内容与方法始终随着社会需求的变化而不断演进。目前，河北师范大学、湖南女子学院、吉林农业大学等高校在家政学科的建设与发展方面进行了积极探索。面对现代社会的新趋势，尤其为应对人口老龄化带来的挑战，家政学正在积极探索新的发展方向，其中"银发经济"成为重点关注领域。戴建兵强调，未来家政学应更加重视现代科技的应用，如人工智能、外骨骼技术、信息通信技术等，这些技术将对提高老年人的生活质量产生深远影响。通过将先进技术引入家政学教育，不仅能更好地服务于老龄化社会的需求，还能为家政学注入新的活力和发展动力。

吉林农业大学肖强教授做题为"基于家政企业基本能力的高职家政专业课程设置研究"的报告，对九所高等职业院校家政专业的课程设置状况进行了质性研究，并据此提出了相应的优化建议。研究结果显示，当前存在若干亟待解决的问题：首先，在职业面向方面，并非所有学校都能全面覆盖教学标准所规定的职业领域、主要职业类别以及相应的职业资格证书

或技能等级证书；其次，在课程设置上，尽管大多数学校已经设置了专业核心课程，但在涉及入户教养服务能力的关键课程，诸如婴幼儿家庭教育与指导等方面，尚存在明显的缺失；再次，在课程结构设计上，专业课程占比较高，而拓展课程和选修课程的比重偏低，这种结构限制了学生跨学科视野的扩展和个人发展的多样性；最后，在实施保障环节上，多数学校已明确了相关的保障措施，但在校外实训基地的建设上，尤其是在与家政企业的合作数量和质量方面，仍有较大的改进空间。鉴于此，她建议应确立与行业需求相匹配的职业面向，调整课程结构以增强学生在家政企业基本工作能力方面的培养，并通过订单式培养和课程开发等方式，推动校外实训基地的有效建设。

教育部职业教育发展中心研究员涂三广以“我国‘双师型’教师认定的现状与改进思考：家政服务专业为例”为题，从“双师型”家政服务专业教师培养的角度出发讨论家政教育。他指出，“双师型”教师就是既懂理论又会实操的教师。“双师型”教师在教学过程中融入更多的实际案例和工作经验，能够更好地培养学生的职业技能，同时“双师型”教师的存在有利于推动家政教育与产业界的深度融合。针对职业教育师资的资格缺失问题，“双师型”教师要落地落实，必须从理念形态走向专业资格认定。他指出，目前“双师型”教师资格认定以国家研制印发的认定标准为基础，主要有两种途径，一是由各级职业院校自行认定，二是省域范围内开展认定。

福建技术师范学院廖深基教授在其主旨报告中指出，推动新时代中国家政教育高质量发展不仅是实现中国式现代化的必然要求，也是满足人民日益增长的美好生活需要和实现人的自由全面发展的重要途径。当前中国家政教育面临的主要问题体现在三个方面：一是家政教育的社会认知度不高，导致教育管理部门和政府对其重视程度不足；二是缺乏系统完整的家政教育体系，正规教育系统中的家政教育缺乏独立性，而非正规教育系统中的家政教育又显得零散且不科学；三是家政教育师资人才的培养培训体系尚未健全，师资数量不足且层次和质量参差不齐。为解决这些问题，廖深基提出应着力推进“三大体系”建设：首先，构建中国特色的家政教育组织保障体系，强化党对家政教育工作的领导，制定相关政策法规，并提供必要的政策支持与财政投入；其次，构建科学贯通的家政教育课程体系，确保从学前教育到高等教育各个阶段家政教育的全面性和连贯性；最后，构建家政教育师资人才培养培训体系，加强家政学学科建设，建立本科、硕士、博士一体化的师资培养机制，并规范家政师资队伍的培训与发展。

河北师范大学王永颜教授指出，新时代家政教育高质量发展机遇与挑战并存，因此要抓住机遇、应对挑战、克服困难。家政学高质量发展的机遇表现在以下几个方面。首先，家政教育走向复兴，主要表现为设立家政学专业的院校增多、家政学术研究的活跃和家政学会的成立等。其次，国家政策的支持为家政教育的发展提供了坚实的基础，如《关于促进家政服务业提质扩容的意见》等政策文件，明确家政的发展方向并提供了政策保障。再次，社会对高素质家政人才的需求不断增加，尤其在育婴、养老服务和家庭理财等方面，这为家政教育提供了广阔的市场和实践机会。最后，公众对家政行业的关注度提高，逐渐认识到家政服务的专业性和重要性，这有助于提升家政教育的社会认可度。总体来看，家政教育高质量发展的机遇期已到，加快推进家政教育高质量发展势在必行。我国当前家政学发展、家政教育的重大挑战表现在以下方面：一是根源性认识依然是阻碍家政发展的主要因素；二是学科话语权低，理论基础薄弱；三是高素质的专业师资缺乏；四是家政教育研究缺乏体系性，专业性研究成果不足；五是相关部门对家政教育的关注不够。在家政教育机遇与挑战并存的背景下，家政人在抓住机遇的同时，一定要积极应对挑战，不仅要以家政教育的高质量发展为目标、做好实实在在的人才培养，还要错位发展，做好低、中、高不同层次人才的培养，并且须做好家政教育的科研工作，产出高水平的研究成果。

国际家政联盟驻联合国代表、国际家政联盟美洲地区副主席 Jannie Duncan 博士以“Advancing Home Economics Education：Clearing a Path For Success”（促进家政教育发展：为成功铺平道路）为题，深入探讨了美国家政教育的多维目标与意义。她提出家政教育不仅要关注学生的生活素养，为其提供必要的生活技能和知识，还要重视学生职业发展所需的知识和技能，致力于在个人生活技能与职业准备之间寻找平衡点。家政教育应通过涵盖个人理财、儿童发展、营养健康等多个领域，力求为学生提供全方位的准备。其次，教育过程中强调跨学科方法的应用，将科学、技术、工程和数学等领域的知识融入家政课程中，旨在培养学生的综合能力和解决问题的能力。再次，教育实践倡导批判性思维，通过批判性对话与反思，解决家庭和社会面临的持久问题，并培养学生的道德推理能力，使其能够理性地审视复杂的人类经验，并考虑日常行为对未来的长远影响。复次，教师教育的专业化发展亦不可或缺，教师须具备深厚的专业知识体系、复杂的历史观，并能在多样的实践环境中互动，通过阅读、评估信息、展示、辩论等手段，在专业社群内培养专业素养。最后，家政教育的使命在于通过创新的教学方法，更好地整合教育理念与实践操作，从而促进家庭作为个体和社会机构的整体发展。

上海开放大学杨万龄教授以服务于全民终身教育的家政教育为切入点，她指出：家政学的使命是传承和创造可持续的生活，连接“人”与“人”、连接“人”与“物”、连接“时代文化”。中国特色社会主义进入新时代，我国社会主要矛盾已经转化为人民日益增长的美好生活需要和不平衡不充分的发展之间的矛盾。家政学研究聚焦个人和家庭日常生活中的基本需要和实际问题。因此，应立足家政学“应用科学”的属性，在实践中推动开放教育家政学专业的进步发展。新时代高质量的家政专业发展需要适需、适变、适用。鉴于此，她提出完善培养目标体系、优化课程体系、落实产教融合、顺畅专本衔接、做好证课融通五方面的实践路径，以促进开放教育家政学的专业建设。

（四）最新视角：数字化转型与家政学的社会变迁作用

国务院参事室特约研究员、中国劳动学会会长杨志明深入探讨了数智赋能对家政服务业高质量发展的重要性。他从国际视角出发，系统回顾了家政服务业的历史沿革，阐明了经济社会进步对该行业迅猛发展的促进作用，介绍了美国、日本、菲律宾等国家家政服务业的发展概况和经验。随后杨志明提出了我国家政服务业“五轴联动”的发展模式，包括市场拉动、政府推动、企业带动、科技驱动和环境松动，并在此基础上提出了家政服务业发展新理念，包括技能创新、服务升级、数智赋能和人力资本投入，强调了提高技能服务人员的物质待遇和社会地位的重要性。他围绕加快家政服务业发展的五项创新策略展开论述，包括激发数字经济活力的机制创新、数智赋能的技术创新、产业融通和场景应用的模式创新、数字经济的人才创新以及家庭服务环境的创新。最后，杨志明指明家政服务业未来发展应把重点放在消除无技能上岗现象、提高服务质量、实现企业上规模、服务上档次、监管上水平等方面，提炼国际知名的品牌企业，以推动家政服务业在数字化转型中取得更大的进步。在报告中，他强调创新能力在未来家政服务业发展中的关键作用，呼吁共同努力，推动家政服务业在数智赋能下实现高质量发展。

国家发改委城市和小城镇改革发展中心智慧低碳发展部负责人吴斌从家政服务业服务国家战略角度切入，指出家政行业的高质量发展必须与国家发展同频共振。习近平总书记关于“家政服务业是朝阳产业”的重要论断、国务院办公厅印发的《关于促进家政服务业提质扩容》系列政策文件，都展示了我国家政服务供给向高品质迈进的决心。吴斌深入探讨了与家政服务相关的五项国家战略——乡村振兴战略、人才强国战略、区域协调发展战略、科教兴国战略以及扩大内需战略。吴斌表示，通过实施这些战略，家政服务业不仅促进了农业转移人口的市民化，还推动了区域间的劳务协作和劳动力的对口输出，为乡村振兴和区域协调发展做出了贡献。他指出，家政服务业的数字化转型和高端技能人才培养也是推动行业高质量发展的关键。通过借鉴国际经验，加强学科建设和教材开发，提升家政服务的专业化和规范化水平，均有助于培养高素质的家政人才，以满足市场对高品质家政服务的需求。他对未来的家政服务业提出了期许：家政服务业有望通过创新场景和跨界融合，实现更加规范化、品牌化、职业化、社区化、智能化和融合化的发展。

河北师范大学李敬儒老师通过把宏观的社会经济数据与家庭生活的微观变化相结合，深入探讨了家政学在现代社会变迁中的作用与意义。通过回顾国际、国内生活革命的历史脉络对家庭生活的深远影响，她指出中国的生活革命特指改革开放四十多年来社会文化的巨大变迁，在宏观经济数据的背后，家庭日常生活衣、食、住、行、用等各方面持续发生变迁和重构。她认为，家政学不仅是一门科学，也是一门艺术，它关注的是家庭生活中的细节，以及如何在快速变化的世界中保持家庭的和谐与幸福。因此，面对生活革命，家政学承担着多重历史使命。如：帮助大众积极适应社会变迁，同时挖掘和弘扬中国传统文化中的家庭价值观；关注家庭情感的维系，以及家庭成员在面对生活挑战时的自我反思和能力提升；促进家庭成员的自我提升，通过家政教育和研究，使家庭成员能够适应社会变化，追求更高质量的生活。

三　论坛基本特点

本次论坛集结了家政学学科领域的精英力量，通过深入的学术对话与交流，共同剖析家政学学科的发展脉络，深化对学科建设与行业前景的认识，旨在促进家政学学科的全面与高质量提升。总体而言，会议展现了以下三个显著特征。

（一）**跨界融智，共谋发展**

家政学作为一门涉及社会学、教育学、公共管理、历史学、护理学、经济学等学科的交叉学科，其学科建设离不开与其他学科的交流合作。本次论坛中，来自多个学科领域的杰出学者和专家积极参与，立足于学术高地，为家政学科的纵深发展贡献了多维度的洞见与广博的智识。

本次论坛，与会者群体呈现多样性，包括致力于家政发展的政、商、学、研等各界人士。论坛提供了高效的交流与合作平台，使其共同参与探讨如何将学术研究成果转化为实际的产业应用，以及如何通过产业实践来反哺学术研究。各界专家精研产学研一体化的合作模式，旨在提高家政服务的专业化和标准化水平，为家政学学科的发展提供持续的动力和支持。

跨界的学术交流与合作，不仅极大地丰富了家政学学科的理论内涵，激发了学术创新的火花，同时也为家政的实践带来了深刻的改进与显著的提升，从而为家政学学科建设的知识体系与应用实践注入新的活力。

（二）深研广议，多维透视

本次论坛通过深度与广度并重的综合性议题的学术研讨，不仅推动了家政学学科的理论创新和实践发展，也为家政服务行业的实践提供了多角度的思考和解决方案。

综合性不仅体现在议题的广泛覆盖上，同时体现在对各议题深入探讨的学术追求上。论坛议题广泛覆盖了家政学学科的核心领域，包括但不限于家政学学科内涵的多视角分析，家政学学科基本问题，再论家政学概念生成与学科价值，基于家政服务的家政学科理论体系建设，国家治理视域下家政学知识谱系的变迁，家政学交叉学科建设的现状、困境及推进策略。这些议题不仅深入探讨了家政学学科的理论基础和学术前沿，还重点关注了家政服务的实际需求和发展趋势。

论坛精心设计议程，体现了议题的广度与深度。例如“数智赋能家政服务业高质量发展”被赋予了深刻的学术探讨和实践意义。该议题不仅深入剖析了数字化技术在家政服务领域的应用，而且系统地探讨了技术创新如何提升服务质量和效率，以及在此过程中可能引发的伦理和社会责任问题。通过对数字化转型中的家政服务业进行多角度审视，论坛不仅回顾了家庭服务业的历史沿革，还进行了国际比较分析，探讨了中国特色的家庭服务业发展路径，以及在新时代背景下提出的新理念和创新实践。这种全面而深入的议题设置，不仅为与会者提供了深入了解家政学学科发展现状和未来趋势的机会，而且为家政服务业的高质量发展提供了多维度的视野和深层次的思考。论坛通过综合性的学术研讨，旨在促进家政学学科的理论创新和实践应用，为家政服务业的未来发展提供科学指导和策略建议，进而推动家庭服务业向更高质量、更高效服务、更强可持续性的方向发展。此外，论坛还注重议题的实践性，即在探讨理论问题的同时，也关注了理论与实践的结合。

（三）前瞻洞见，国际视域

会议的前瞻性，表现为对家政学学科未来发展趋势的深入分析和预测。通过专题研讨和主题演讲，与会专家不仅回顾了家政学学科的历史发展脉络，更着重探讨了在数字化、智能化浪潮下家政学学科面临的新机遇与新挑战。论坛通过深入分析家政学学科建设现状，预测了家政学学科建设未来发展趋势，为家政学学科的未来发展指明了方向。

国际视野的融入则体现在论坛对全球家政服务业发展动态的关注和比较分析上。论坛通过邀请国际学者 Janine 的参与，引入了国际家政学领域的最新研究成果与教育理念，为参会者提供了广阔的国际视野。Janine 的演讲“Advancing Home Economics Education：Clearing a Path For Success”分享了美国家政教育发展的成功经验与挑战，为我国的家政教育改革提供了宝贵的借鉴。论坛不仅促进了中外学者之间的深入交流与合作，更为建立国际家政学研讨网络、推动跨国项目合作提供了平台。

（编辑：王婧娴）

Review of the Second National Forum on the Construction and Development of Home Economics Disciplines and Programs

YU Wenhua，*WANG Yumeng*，*BIAN Yaxuan*

（College of Home Economics，Hebei Normal University，Shijiazhuang，Hebei 050024，China）

Abstract：In response to China's evolving social structure and the rapid aging of its population，the demand for high-quality domestic services continues to rise. Recognizing this need，the Party Central Committee and the State Council have repeatedly emphasized the importance of building and advancing the domestic service sector, urging the industry to move towards greater professionalism. The development of home economics disciplines plays a critical role in cultivating the skilled professionals required to meet this demand. Despite significant progress, challenges remain in establishing these academic programs. Against this backdrop, the Second National Forum on the Construction and Development of Home Economics Disciplines and Programs was held at Hebei Normal University. Focusing on the theme of "High-Quality Development of Home Economics Disciplines," the forum brought together experts from various fields to engage in in-depth discussions on topics such as the theoretical foundations of home economics, industry-education integration, the creation of educational frameworks, and the digital transformation of the domestic service industry. The forum aimed to chart the future course of home economics disciplines through academic dialogue and exchange, offering insights and guidance for their continued high-quality development.

Keywords: Home Economics; Discipline Construction; Industry-education Integration; Home Economics Education; High-quality Development

《家政学研究》集刊约稿函

《家政学研究》以习近平新时代中国特色社会主义思想为指导，秉持“交流成果、活跃学术、立足现实、面向未来”的办刊宗旨，把握正确的政治方向、学术导向和价值取向，探究我国新时代家政学领域的重大理论与实践问题。

《家政学研究》是由河北师范大学家政学院、河北省家政学会联合创办的学术集刊，每年出版两辑。集刊以家政学理论、家政教育、家政思想、家政比较研究、家政产业、家政政策、养老、育幼、健康照护等为主要研究领域。欢迎广大专家、学者不吝赐稿。

一、常设栏目（包括但不限于）

1. 学术前沿；
2. 热点聚焦；
3. 家政史研究；
4. 人才培养；
5. 国际视野；
6. 家庭生活研究；
7. 家政服务业；
8. 家政教育。

二、来稿要求

1. 文章类型：本刊倡导学术创新，凡与家政学、家政教育相关的理论研究、学术探讨、对话访谈、国外研究动态、案例分析、调查报告等不同形式的优秀论作均可投稿。欢迎相关领域的专家学者，从本学科领域对新时代家政学的内容体系构建和配套制度建设方面提出新的创见。

2. 基本要求：投稿文章一般 1.0 万～1.2 万字为宜，须未公开发表，内容严禁剽窃，学术不端检测重复率低于15%，文责自负。

3. 格式规范：符合论文规范，包含：标题、作者（姓名、单位、省市、邮编）、【摘要】（100~300字）、关键词（3~5个）、正文（标题不超过3级）、参考文献（参考文献采用页下注释体例，参考文献和注释均为页下注，每页从排编序码，序号用①②③标示；五号宋体，其中英文、数字用Times new roman格式，悬挂缩进1个字符，行距固定值12磅）、作者简介等。

附：标题，小二号，宋体加粗，居中，段前17磅，段后16.5磅。作者姓名及单位用四号，楷体，居中，行距1.5倍。"【摘要】、关键词、作者简介"用中括号【】括起来，小四号，黑体，"【摘要】、关键词、作者简介"的内容用小四号，楷体，1.5倍行距。

正文标题的层次为"一…… （一） …… 1. ……"，各级标题连续编号，特殊格式均为首行缩进2字符。一、四号，黑体，居中，行距1.5倍；（一）小四号，宋体加粗，行距1.5倍；首行缩进2字符；1. 小四号，宋体，行距1.5倍，首行缩进2字符；正文为小四号，宋体，行距1.5倍。

具体格式可参考中国知网本刊已刊登论文。

4. 投稿方式：

邮箱投稿：jzxyj@ hebtu. edu. cn

网址投稿：www. iedol. cn

5. 联系电话：0311—80786105

三、其他说明

1. 来稿请注明作者姓名、工作单位、职务或职称、学历、主要研究领域、通信地址、邮政编码、联系电话、电子邮箱地址等信息，以便联络。

2. 来稿请勿一稿多投，自投稿之日起一个月内未收到录用或备用通知者，可自行处理。编辑部有权对来稿进行修改，不同意者请在投稿时注明。

3. 本书可在中国知网收录查询，凡在本书发表的文章均视为作者同意自动收入CNKI系列数据库及资源服务平台，本书所付稿酬已包括进入该数据库的报酬。

《家政学研究》编辑部

图书在版编目(CIP)数据

家政学研究．第4辑／河北师范大学家政学院，河北省家政学会主编．--北京：社会科学文献出版社，2024.11.--ISBN 978-7-5228-4517-3

Ⅰ．TS976

中国国家版本馆CIP数据核字第20242TS277号

家政学研究（第4辑）

主　　编／河北师范大学家政学院　河北省家政学会

出 版 人／冀祥德
组稿编辑／高振华
责任编辑／李　淼
责任印制／王京美

出　　版／社会科学文献出版社·生态文明分社(010)59367143
　　　　　地址：北京市北三环中路甲29号院华龙大厦　邮编：100029
　　　　　网址：www.ssap.com.cn
发　　行／社会科学文献出版社（010）59367028
印　　装／三河市东方印刷有限公司

规　　格／开　本：787mm×1092mm　1/16
　　　　　印　张：12.75　字　数：195千字
版　　次／2024年11月第1版　2024年11月第1次印刷
书　　号／ISBN 978-7-5228-4517-3
定　　价／88.00元

读者服务电话：4008918866